U0608140

叶舟

著

你有多努力，
就有多幸运

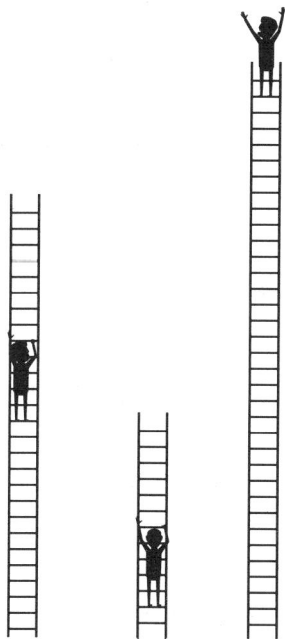

江西人民出版社
Jiangxi People's Publishing House
全国百佳出版社

图书在版编目（CIP）数据

你有多努力，就有多幸运 / 叶舟著. -- 南昌：江西人民出版社，2017.9

ISBN 978-7-210-09529-3

Ⅰ. ①你… Ⅱ. ①叶… Ⅲ. ①成功心理－青年读物

Ⅳ. ①B848.4-49

中国版本图书馆CIP数据核字（2017）第147524号

你有多努力，就有多幸运

叶舟 / 著

责任编辑 / 冯雪松

出版发行 / 江西人民出版社

印刷 / 北京柯蓝博泰印务有限公司

版次 / 2017年9月第1版

2019年5月第2次印刷

880毫米×1280毫米　1/32　7印张

字数 / 140千字

ISBN 978-7-210-09529-3

定价 / 26.80元

赣版权登字-01-2017-502

如有质量问题，请寄回印厂调换。联系电话：010-64926437

你是否在责怪命运的不公？抱怨现实的不平？感叹成功的艰难？羡慕别人的风光？认为幸运总是与自己无缘？

只是，你在怨天尤人、悲观叹息的同时，是否问过自己：我努力了吗？

一个自以为很有才华的人，一直得不到重用，为此，他愁肠百结，异常苦闷。有一天，他去质问上帝："命运为什么对我如此不公？"上帝听了沉默不语，只是捡起了一颗不起眼的小石子，并把它扔到乱石堆中。上帝说："你去找回我刚才扔掉的那个石子。"结果，这个人翻遍了乱石堆，却无功而返。这时候，上帝又取下了自己手上的那枚戒指，然后以同样的方式扔到了乱石堆中。结果，这一次，他很快便找到了那枚戒指——那枚金光闪闪的金戒指。上帝虽然没有再说什么，但是他却一下子便醒悟了：当自己还只不过是一颗石子，而不是一块金光闪闪的金子时，就永远不要抱怨命运对自己不公平。只要你努力把自己变成金子就可以了。

这世上没有不经过努力就能得到的幸运，没有不经过付出就能获得的机遇，没有不经过拼搏就能赢得的成功。天下没有免费的午餐，天上不会掉下馅饼来，幸运也不会平白无故地从天而降。如果说有什么幸运，那也只是你通过自己的不懈努力、艰辛奋斗而换取的回报。所谓的幸运，不过是命运对你努力拼搏后的赏赐。

努力不一定每次都带来幸运，但不敢拼搏则一定无任何幸运可言。真正的幸运绝不会光顾那些精神麻木、耽于安逸、甘于平庸、不思进取的人们，幸运只藏在勤劳和汗水、行动和付出、拼搏和进取中。

一个人若不敢向命运挑战，不敢在生活中开创自己的蓝天，命运给予他的也许仅是一口枯井的地盘，举目所见只是蛛网和尘埃，充耳所闻的也只是唧唧虫鸣。幸运需要付出，成功需要努力，远大理想需要汗水来浇灌，辉煌人生需要拼搏来铸就。

幸运不幸运，成功不成功，说到底还是要靠自己！无论时代如何浮躁，无论人生如何艰难，你都要始终清楚自己该干什么，明确自己想要追求的东西。即使面对近乎绝望的困境，也要坚持到底，永不放弃，以常人难以想象的坚忍，去换来最后的功成名就。

莎士比亚说："与其责难机遇，不如责难自己。"不是你不幸运，而是你不够努力。没有努力，就没有资格谈幸运，真正的幸运在等待着有资格享受的人。幸运的背后总是靠自身的努力在支持着，但如果你松懈下来，幸运也就溜走了。

还在大谈空谈梦想吗？还在平庸中打发日子吗？还在玩乐中大把地挥霍时光吗？还在顾虑前行路上坎坷重重吗？还在坐等幸运的降临吗？那么，请记住——

每一个不曾起舞的日子，都是对梦想的辜负。

每一个幸运的现在，都有一个努力的过去。

越努力，越幸运；越幸运，越努力。

你只需努力，剩下的交给时光！

目　录

Part3　别在该吃苦的年龄选择了安逸

Part4　没有翅膀，就要努力奔跑

Part5　不是怀才不遇，是你还不够努力

Part6　想过1%的生活，就要放弃99%的平庸

Part7　为什么你那么努力还没有成功

Part1
你不努力，有什么资格谈幸运

　　为什么别人那么幸运，而我就这么倒霉？为什么别人活得那么风光潇洒，而我就这么落魄窘困？为什么别人总能功成名就，而我却默默无闻？

　　别人哪有那么多幸运，只是别人在努力，你没看见罢了。不是你不幸运，是你不够努力。你不努力，有什么资格谈幸运。当你足够优秀，幸运自会光临。

>>> 你是否在虚度年华

现在不少年轻人时间观念不强，不珍惜青春时光，缺少上进心，不愿意在学习和业务技能上投资时间，而是将大把大把的时间浪费在一些没有意义的事情上。他们抵不住生活中的种种诱惑，沉湎其中，流连忘返，以至忘了时光的存在。

每一天下班之后，或者节假日，我们就习惯性地打开电视或电脑，一坐下来就是几个小时，甚至是通宵，影响了第二天的工作质量。我们也在第二天艰难起床时发过誓，今天再也不要看那么久电视，上那么久网，然而，到了晚上，上网依旧，看电视依旧。

我们看电视看什么？看电视连续剧；上网干什么？大多数人是在刷微博，聊微信或者玩游戏，总之是一句话：不是打发时间，就是被时间打发。

电视和网络，给我们带来快乐的同时，也让我们深陷其中无法自拔，明知道这样会消耗掉我们大把时间，会耽误学习、工作，甚至是透支健康，可是我们依然乐此不疲。因为我们难以拒绝，也因为我们不想拒绝。

电视和网络上的内容再精彩，也不是我们的真实生活。我们真正的角色在现实生活之中，在社会舞台之上。

出现在我们身边的诱惑不止电视和网络，还有很多很多。我们并不是不知道自己想要什么，想做什么，想去哪里，可是面对这些诱惑时，我们依然驻足。在这个世界上，因为没有战胜眼前诱惑而遭受灭顶之灾的人，数不胜数。对于一个有着七情六欲的人来说，每一种诱惑都难以拒绝，因为它能带给我们巨大的快乐和快感。

有的年轻人会说，这个世界很无奈，很无助，我们需要精神寄托。我们已经走得很累，活得很辛苦，只有在电视和网络上，才能让自己稍作停留。

我们有多少时间被电视剧吸引？有多少时间沉浸在游戏的世界里？有多少时间在胡思乱想？"没时间、没精力干这件事情"，其实意味着我们还没有把这件事真正纳入到日程上来。

"谁若游戏人生，谁就一事无成。"浪费时间就是在虚度年华，到头来只能一事无成，成功只能你无缘，幸运也不会光顾。我们的精彩，在人生的舞台上，不在虚拟的世界里。我们今生不是为了当一名看客，而是要成为精彩剧情的主角。

>>> 你是否相信"命中注定"

有很多人相信自己"注定"要贫穷落魄和失意，因为他们相信命运中有某种奇特的力量超乎他们的掌握，这些力量可能是传统观念的影响、负面情绪的作用等。

大象是世界上最强壮的动物之一。当一头年轻的野生大象被抓到时，猎手们会用金属圈套住它的腿，把它用链子捆到附近的榕树上。自然，大象会一次又一次地试图挣脱。尽管它做出了巨大的努力，最后还是没能成功。经过几天这样的挣扎并且伤了自己之后，它意识到它的努力是徒劳的，于是停止了再努力挣脱的尝试。从此刻起，那头大象就再也不会去想挣脱那条锁链，即使拴住它的只是一根小绳。

研究者发现在一种被称为梭鱼的鱼类中也存在僵化的倾向。通常情况下，梭鱼会就近攻击在它范围内游泳的鲦鱼。作为一个实验，研究者们把一个装有几条鲦鱼的无底玻璃钟罐放入一条梭鱼的水箱中。这条梭鱼立刻向罐子里的鲦鱼发动起了攻击，结果它敏感的鼻子狠狠地撞到了玻璃壁上。几次惨痛的尝试之后，梭鱼最终停止了攻击，并完全忽视了鲦鱼的存在。钟罐被拿走后，鲦鱼们可以自由自在地在水中四处游荡，即使当它们游过梭鱼鼻子底下的时候，梭鱼也继续忽视它们。由于一个建立在错误信念基础之上的死结，这条梭鱼会不顾周围丰富的食物而把自己饿死。

这两个试验是否会给您某些启示呢？当一个人也像上面的大象和鱼一样被周围的环境吓倒，心理上产生畏惧、思想上滋生服输念头时，他就会选择顺从，对周围的一切视而不见，不再做别的努力。当人们一旦钻进了禁锢自己的思维定式，则很难有所改变。

再次提醒你，只要你把成功的渴望传输给潜意识，并满怀期待、由衷相信，从"注定"到"改变"转化的过程终将发生。你的信心、你的信念，正是主宰潜意识行动的因素。当你对潜意识进行暗示的时候，没有人能够阻挡你去"欺骗"你的潜意识，我们都可以化失败为胜利，成为逆境中的幸运者。

>>> 你只是看起来很努力

你遇见过那种喜欢说"假若……我已经……"的人吗？有些人总是喋喋不休地大说特谈他以前错过了什么云山雾雨的成功机会，或者正在"打算"将来干什么渺渺茫茫的事业。

一位大学生准备晚上7点开始学习。但因晚饭吃多了，所以决定看一会儿电视。结果看了1小时，因为电视节目很精彩。晚上8点，他坐在桌前正准备看书，突然又想起来要给朋友打一个电话，一聊又是40分钟。接着他又被朋友拉去玩了1小时的乒乓球。结果，他满头大汗，又去洗了个澡。洗完澡，又觉得饿了，于是开始吃东西。本来计划挺好的一个晚上就这样过去了。到了凌晨1点钟，他打开了书，但又太累了，集中不了精神再看。最终，他还是去睡了。

他一直没有能够坐下来看书，因为他花的准备时间太长了。这种"过分做准备工作的人"不计其数。一些推销员、经理、家庭主妇——他们在开始工作之前总是先聊天、削铅笔、读读报、擦擦桌子、泡杯茶，然后才开始工作。

失败者总是考虑他的那些"假若如何如何"，所以总是因故拖延，总是顺利不起来。

总是谈论自己"可能已经办成什么事情"的人，不是进取者，也不是成功者，而只是空谈家。

"实干家"是这么说的：假如说我的成功是在一夜之间得来的，那么，这一夜乃是无比漫长的历程。

"现在"是成功的象征词。"明天""下星期""以后""某些时候""某天"是失败的象征词。许多很好的想法常常因为"我将来某一天开始"而成为泡影。

不要等待"时来运转"，也不要由于等不到而觉得恼火和委屈。养成行动的习惯，凡事掌握其根源，必定会得到非常大的收获和成效，不管你现在要做什么事，请立刻行动吧！

许多人的拖拉是因为形成了习惯。对于这样的人，无论用什么理由，都不能使他自觉放弃拖拉的习惯。因此，需要重新训练，训练迅速有效的行动力，以养成积极工作的习惯。

>>> 你只是还没有全力以赴

一位猎人带着他的猎狗外出打猎。猎人开了一枪，打中了一只野兔的腿。猎人放狗去追。过了很长时间，狗空着嘴回来了。猎人问："兔子呢？"狗"汪汪汪"地叫了几声，主人听懂了，意思是"我已经尽心尽力了，可还是让狡猾的兔子逃脱了"。

那只野兔回到洞穴，家人问它："你伤了一条腿，那条狗又尽心尽力地追，你是怎么跑回来的？"

野兔说："狗是尽心尽力，而我是竭尽全力！"

"尽心尽力"和"竭尽全力"，其区别在于，让自己发挥能力和让自己的潜能充分燃烧，它们所散发出来的能量是大不一样的。我们无论做任何事情，只是尽心尽力还远远不够，这样你最多比别人干得好一点，却无法从平庸的层次跳出来。只有竭尽全力，发挥出别人双倍的能量，你才会有优秀的表现。

在一次英语讲座中，一位听者问讲演者："现在，《疯狂英语》在各高校相当流行，你能谈谈对《疯狂英语》的看法吗？"讲演者笑着答道："《疯狂英语》我也看过，我并不想具体地评论这本书的优缺点，但是我要告诉大家《疯狂英语》好就好在'疯狂'二字上。要想学会英语，先理解'疯狂'二字，是让自己'疯狂'起来，疯狂地去学它，这样你才能有一定的收效。如果你在学习英语时能投入一股疯狂的劲，无论什么书你都一样能学好。"

是啊，无论我们做什么，还是学什么，只要我们让自己的潜能燃烧起来，疯狂地去做，去学，这个世界上没有什么是我们学不会、做不成的。

俗话说得好：天不负人。你付出多少，便会得到多少回报。因此，不要埋怨生活，不要哀叹命运不公，你尽了最大的努力，生活就会给你最丰厚的回报！

>>> 你只是在为"不能"找借口

一个心理专家常常见到一些年轻患者，他们消沉慵懒，做起事来不带劲。在谈话中，他们承认生活不正常，晚睡晚起，有时睡到中午才起床，经常陷入消沉的情绪状态。由于工作不力，一连换了几个工作，还是被炒鱿鱼。这些人既非抑郁症，也不是什么情绪失调。他们的问题出在不肯面对难题。医生问："你何不早上去运动，天天训练你的体能？""这太难了，我爬不起来！"你要认清楚，这就是你每天该做的事，因为你不想做，就得承受疲惫的后果。如果你先付出运动的代价，就能享受精神振作的报酬。

有一次，一位年轻人说，他只做容易的事，对于困难的事，总是找个理由，把它搁在一旁。他理直气壮地表示："就像在学校做考卷一样，会的先做，不会的有时间再去想；事实上，我根本没有时间去想那些难题。"医生恍然大悟，一个人竟然会在准备升学考试中学会逃避困难和繁琐的事。

这些不愿意面对难题的人，往往是任性的，在情绪上甚至表现得失控和冲动。他们有个共同的行为模式：先推脱再说。这些人一旦到了成年，习惯逃避所有的重要工作和困难的问题，于是过着失败的生活。他们的生活杂乱无章，情绪易冲动，婚姻不幸，意外事故发生率也很高。

许多人都怕麻烦，或者畏惧困难，于是养成了逃避责任和临阵脱逃的习惯，人一旦养成拈轻怕重，不能面对生活与工作的挑战，就成为性格上的一大弱点。怕麻烦，畏惧困难，会使人先挑容易的做，对于难题则跳过不做。这样一来，就会失去获取他该取得的知识、能力和经验。

面对困难和耐心应付厌烦的事，是一种习惯。人一旦养成这个好习惯，做起事来就会称心顺意。当你碰到困难时，若能正视它，即刻采取行动，就会激发专注、创意和毅力。

我们之所以说问题很难解决，在很多情况下是我们并没有在面对问题时真正负起责任来，并没有尽到最大的努力。

面对问题和困难的时候，我们永远不要只是一味地说难，寻找借口，推脱责任，而要先扪心自问：我是否真的努力了？

>>> 你的梦想只停留在空想上

每个人都有理想，但多年以后，有多少人实现了自己的理想呢？是这些目标不切实际吗？是这些目标遥不可及吗？还是我们没有这个实现的机会？都不是。

一项计划很容易在脑海里呈现，让我们坚定不已，甚至还确信这是必将实现的计划。由于工作繁忙，还有很多重要的事情要处理，所以一推再推，"反正这也不是一朝一夕能够完成的事情，何必把自己搞得那么紧张呢？等忙过这段再做也不迟嘛。"当我们一次一次这样想的时候，这个计划在脑海里就渐渐淡漠了。

有想法的人很多，但是真正着手去做的人不多。我们总是给自己找一大堆借口，事实上，这些所谓的借口都不是真正意义上的理由，只要想做，总会挤出时间。那些忙得不亦乐乎的人，有多少时间用在重要的事情上？

幸运不是等来的，把希望寄托在将来，是一种无意义的等待，只会使你的计划落空。那些说时间不够用的人，不是时间太少，而是他们要干的事情太多。那些无意义的，琐碎的事情占据了绝大部分时间，而没有把时间留给最重要的事情。

换句话说，这件事对我们来说还不是很急迫。

当我们有一份工作可以解决温饱的时候，对今后的人生构想可能就不急于去付诸实施，因为我们还没有紧迫到那种程度，没有那么大的生活压力驱使我们硬着头皮去做我们要做的事情。

把我们生命中重要的事情延误，就是等于在荒废我们的生命。

人与人之间没有太大的差别，那些成功人士，都是计划的有效执行者。光想不做的人，惰性十足，也不是真正意义的上进，那种想归想，做归做的做法，是对自己人生不负责任的一种体现。这种人除了抱怨以外，只有羡慕别人的分。

别不在乎时间，一眨眼几年过去，时光流走不再回，逝去的不仅是时光，还有失败和无尽的悔恨。等到穷途末路的时候，再想扭转乾坤，谈何容易！等有一天我们眼前的路越走越窄的时候，一切都晚了。正值青春年少，在这个时候不打好基础，等精力、体力都不在的时候，想努力，心有余而力不足，剩下的只有叹息。

如果我们有梦想，就该脚踏实地做我们该做的事情。没有任何理由和借口，把想做的都做到，一步一个脚印，用自己的行动构筑成功的基石，没有行动的计划永远都只是空谈。只有行动，才能让梦想实现，才有可能让自己成为命运中的幸运者。

>>> 车到山前真的有路吗

有一句老话在人们耳边回响了一遍又一遍：车到山前必有路。可是，事情真的是这样吗？

世界上生活着这样的一类人，他们似乎没有什么烦恼，也没有什么忧愁。他们的一生似乎都注定要等待、要期盼。无数次的机遇与他们擦肩而过，他们并不在意，因为他们把自认为是崇高无比的一句话挂在嘴边："车到山前必有路。"他们对这句话是坚信不疑，他们相信这句话可以帮他们渡过任何难关，逃避一切责任，更可以等来幸运。

小明毕业在即，下一步应该怎么办，有很多的路摆在他面前。大学四年，小明对自己所学的专业并不满意。他想从事一个新的专业，可是对这个新专业的知识了解得并不多，用人公司又怎么会轻易录用一个"门外汉"？他很没有信心，于是，给自己制订了三套方案：第一，考研，继续学习原有的专业，争取拿到硕士学位，提高自身价值；第二，找一份与自己所学专业对口的工作，放弃所有好高骛远的想法，老老实实地工作；第三，随便找份工作，半工半读，等到有一定经验之后再考虑转行。方案虽好，他却开始犹豫了，不知道到底选择哪条路，甚至没有为选择做什么准备。时间一天天地过去，小明总会对自己说："不怕，车到山前必有路，到时候自然就解决了。"别的同学有的认真地为考研备战，有些已经和企业签约了，小明还是一天一天地等待着……

车到山前真的有路吗？小明会为自己的消极等待付出惨痛代价的。

"车到山前必有路"，不过是我们为自己的惰性、不努力寻找的一个借口，本应该今天办的事情我们却推到明天；本应该当机立断做的决定我们却拖到以后，我们枕着它终日沉溺于缥缈的幻想之中，于是我们生命的光阴便一寸一寸地消耗在我们自以为逍遥无忧的日子中了。是的，我们习惯了等待，习惯了等待每一天都会发生奇迹，我们的意志就在这一次又一次的等待中日渐消磨。

可是有一天当你一个人来到山前的时候，你会惊讶而且沮丧地发现，矗立在你面前的山巍峨无比，根本没有你可以走的路。

这一事实告诉我们：对命运不能抱有"车到山前必有路"的侥幸心理，应该奋力拼搏，用自己的智慧和力量战胜各种困难，开拓出一条平坦大路来。

"车到山前必有路，船到桥头自然直。"如果这句古训已经在你的心中根深蒂固，请马上跳出它为你设置的陷阱吧！

>>> 天上不会掉下馅饼来

人们常常希望：天赐良机。因此机遇常被理解为是上天给予人间少数幸运儿的礼物。但是在现实的生活中，机遇是靠争取得来的。得到机遇，不靠天赐，而在人为。

有个充满幻想的年轻人靠在一块大石头上，懒洋洋地晒太阳。

这时，从远处走来一位老者："喂，你在做什么？"

"我在这等待时机。"年轻人回答。

"等待时机？哈哈！时机是什么你知道吗？"老者问。

"不知道，不过，听说时机是个很神奇的东西，它只要来到你身边，那么你就会走运。或者当上官，或者发了财，或者娶个漂亮老婆，或者……反正，美极了。"

"唉，你连时机是什么都不知道，还等什么时机？还是跟着我走吧，让我带着你去做几件有益的事吧！"那老者说着就要来拉他一起走。

"去去去！少来添乱！我才不跟你走呢！"年轻人不耐烦地撵那老者。

老者叹息一声走了。

这时，一位大师来到年轻人面前，问道："你抓住它了吗？"

"抓住它？它是什么东西？"年轻人问。

"它就是时机呀！"

"天啊！我把它放走了。不，是我把它撵走了！"年轻人后悔不迭，急忙站起身呼喊时机，希望它能返回来。

"不要大喊了，我告诉你关于时机的秘密吧。它是一个不可捉摸的东西。你专心等它时，它可能迟迟不来，你不留心时，他可能就来到你身边；见不到它，你时时想着它；见到了，你又不认识它；如果当它从你身边走过时你抓不住它，那么它将永不回头，使你永远错过它！"

"天啊，那可怎么办呀，我这一辈子不就失去时机了吗？"年轻人流着泪说。

"那也未必，让我告诉你另一个关于时机的秘密吧，其实，属于你的时机不止一个。"

"不止一个？"

"对。这一个失去了，下一个还可以出现。不过，这些时机，很多不是自然走来的，而是人创造出来的。"

"什么？时机可以创造？"

"对，刚才的一个时机，就是我为你创造的，可惜你把它放跑了。"

"那太好了，就请你再为我创造一些时机吧！"年轻人说。

"不，以后的时机，只有靠你自己创造了。"

"可惜，我不会创造时机呀。"年轻人为难地说。

"那么，现在，我教你。首先，站起来，永远不要等！然后放开大步朝前走，见到你能够做的有益的事，就去做吧，那时你就学会了创造时机。"

对于所有人来说，机会是自己"造"出来而不是等来的。同样，幸运是通过积极行动、努力奋斗赢得的，而不是等来的。

不愿意付出，不愿努力奋斗的人，只相信运气、机缘、天命之类的东西。看到人家发展了，就说："人家运气好！"看到他人知识渊博、聪明机智，就说："人家有天分"，发现别人德高望重、影响广泛，说："人家有机缘。"而他们从来看不见人家在实现理想过程中付出的辛劳与汗水，经受的考验与挫折。

英格兰足球超级联赛队主教练莫里尼奥曾说过：我的生活就是要时刻做好准备，走在人前。那么，你还在苦苦地盼望着机会降临吗？马上去做，幸运就向你招手。

>>> 没有谁的幸运是偶然

在美国，所有装灯泡的盒子上都印有这样一句善意的提示：
Do not put that object to your mouth！翻译成汉语就是，不要把灯泡
放进口中！

"这简直就是一句废话，谁没事儿会把灯泡放进自己的嘴
里？再说，既然能放进去，就能拿出来啊，干吗搞得这么兴师动
众？这不仅是侮辱一个人的人格，还侮辱了一个人的智商。"汤
姆拿着灯泡盒子大声咆哮着。

他的父母说："汤姆，一本书上说，灯泡放进口中后便会卡
住，无论如何都拿不出来。现在年轻人发神经的多了，没准哪一
天就把灯泡塞到嘴里呢。"

汤姆为了证明厂家把这句废话印上去是多此一举，决定做一
个实验。以防万一，他还准备了一瓶食油，以防卡住拿不出来。
一切就绪后，汤姆把灯泡对准自己的嘴巴，没想到稍微一用力，
灯泡便在零点几秒的时间里滑入口中。然后，他轻轻地拉了灯泡
一下，灯泡在嘴里纹似不动。他再慢慢地边加力，边把口张大到
最大，灯泡依然像长在嘴里似的。

汤姆向自己的嘴里倒油，以增加灯泡与嘴之间的润滑度，再
用力拔灯泡，折腾了一个小时，一瓶油全都倒掉，灯泡依然卡在
嘴里。最后他无计可施，只好打电话求救。电话打通了，他才意

识到自己嘴巴塞着无法说话。实在没办法，硬着头皮找到为此事教训过自己的父母。父母叫来计程车，把他送往医院。

计程车司机一见汤姆的狼狈相，笑得前仰后合。司机说，灯泡能塞进去就能拔出来，拔不出来怎么可能塞进去？你拔不出来是因为嘴巴太小，换成别人，就不会出这样的笑话。汤姆看看司机的嘴巴，的确比正常人大很多，但汤姆却想告诉他，厂家把那句话印在盒子上，绝对不是一句废话，无论如何都不能试。

在医院，所有见到汤姆的人都为他的狼狈相忍俊不禁，觉得很滑稽很可笑。还是医生有办法，把棉花塞进汤姆的嘴巴，然后轻轻地把灯泡敲碎，一片片地拿出来。最后，医生告诉汤姆，厂家的任何提示，都是遭到消费者重大索赔之后才印上去的，不要以为那是废话。

汤姆准备回家，刚走到医院门诊大楼门口时，迎面来了一个人，正是刚才那位司机，他嘴里正含着一个灯泡……

这虽然是一个故事，却教育了很多人。他们在年轻的时候，就知道对待自己的人生不能存在任何侥幸的心理。任何人的成功和失败，都是一个必然，没有一点偶然性。在年轻的时候，来自父母的、老师的、名人的，甚至包括一些书本上的建议和忠告，虽然不能照本宣科地执行，但也要多加考虑，不能因为自己没有经历过，就全盘否定。

这样的忠告很多，比如关于时间的，中国有很多这样的谚语，像一寸光阴一寸金，寸金难买寸光阴；少壮不努力，老大徒伤悲，等等。法国牧师纳德·兰塞姆也有一句著名的名言：假如时光可以倒流，世界上将有一半的人可以成为伟人。

这些名言都在提醒我们，时光不能倒流，人生是一条单行线，错过了就没有重新来过的机会。属于一个人的时光是有限的，无论我们在属于自己这段有限的时光里，做什么不做什么，时光都会无情地流走。

在春天，谁家的地里都是光秃秃的，没有实质性的区别。我们在自家地里种什么，秋天就会收获什么。什么都不种，自然就会颗粒无收。年轻人，多留一个心眼，在自己人生的春天把自己那片地种好，到秋天才会有鲜花和果实，冬天才不会挨饿。

Part2

心中有方向，努力不偏向

    方向不对，努力白费！如果你努力奋斗的方向错了，就算再怎么拼命，也是徒劳无功。

    在下定决心努力奋斗之前，你得搞清楚：自己到底想要什么？自己喜欢什么，擅长做什么？梦想是远方，努力是飞向梦想的翅膀。方向对了，努力就成功了一半。

>>> 幸运是设计出来的

目标是人生的导航灯，是努力的方向盘。要开始你的人生奋斗之旅，就要先设定好奋斗的目标。

设定自己的目标，就是要设计自己的人生。目标，无论是生活中的小目标，还是人生中的大目标，都需要精心设计。设计会使我们的人生更加完善，而完善的人生一直都是我们所追求的。不论你是知名企业的总裁，还是普通公司的小职员；不论你是风华正茂的青年，还是成熟稳重的中年人，你都需要规划设计你的人生。

人一生中会做无数次的设计，但如果最大的设计——人生设计没做好，那将是最大的失败。设计人生就是要对人生实行明确的目标管理。如果没有目标，或者目标定位不正确，你的一生必然碌碌无为，甚至是杂乱无章。

做好人生设计，必须把握两点：一是善于总结；一是善于预测。对过去进行总结和对未来进行规划并不矛盾。只有对自己的过去进行很好的回顾、梳理、反思，才能找出不足，继续发扬优势。这样，在做人生设计时，才能扬长避短。而对未来进行预测，就是说要有前瞻性的观念和能力。假如缺少了前瞻性的观念和能力，人将无法很好地预见自己的未来，预见事物的动态发展变化，也就不可能根据自己的预见进行科学的人生设计。一个没有预见性的人，是不可能设计好人生、走好人生路的。

还有一点必须记住，那就是设计好人生的前提是自知、自查。了解自己，了解环境，这是成功的前提。对自己有个详细的了解与估量，才能有的放矢地进行人生设计。在明晰自己以后，需要对自己合理定位。人总会有不足和缺陷，对自己期望过低、过高都不利于成长。

但设计人生不能盲从，也不能一味地遵从死理。设计目标是为了实现，而不是为了设计而设计。设计只是一种手段，不是我们要的结果。因此，我们需要变通地设计，因事、因时、因地变化。设计也不是屈服，设计的主动权要掌握在我们自己的手中——我的人生我做主，用自己手中的画笔在画布上画出美丽的图画。

一个人要有独特的、负责任的人生格局和人生设计，这不只是自己的事情，也是这个时代对我们的要求。如果你的理性还在沉睡中，那么快醒醒吧，赶快设计好自己的目标，不要等来不及时才匆匆忙忙地应付。

年轻时，是否懂得设计人生的重要性，以及能否设计好你的一生，将决定你今后走一条什么样的人生道路，决定你一生的成败。趁早设计好你的人生，为未来的人生做好铺垫，保驾护航。幸运，其实也是设计出来的。

>>> 方向对了，努力就对了

成功者的原则是：去选择最能够使自己全力以赴的，最能够让自己的品格和长处得以充分发挥的职业。尺有所短，寸有所长。你也许兴趣广泛，掌握多种技能。但是，在所有的长处中，总是有你的强项。唯有充分利用了自己的长处，才能够让自己的人生增值；相反，你总是选择自己的短处，你的人生就只能贬值了。

正如美国政治家富兰克林所指出的："宝贝放错了地方就是垃圾。"我们一定要发现自己，认清自己是什么样的人才，适合做什么工作。择业时多"讲究"点，把自己放对地方，等待我们去采摘的，就会是人生甘甜的果实。反之，把自己放错位置，就会像毛驴拉磨一样，虽然周而复始，却无法改变命运，终致碌碌无为一生。

马克·吐温开始经商的经历就是把宝贝放错了地方；爱因斯坦之所以成绩斐然，广为人知，就是因为他懂得把宝贝放对地方。当爱因斯坦成为著名科学家后，以色列人民曾邀请他出任以色列的总统，爱因斯坦婉拒了这种至尊的名利，称自己只适合面对客观事物，在行政与人际交往方面一无所长。他明白自己的志趣不在政治而在科学，他成功把握了人生发展的方向，最终将自己铸造成一名伟大的科学家。

由此可见，"将就"害人不浅，"讲究"却让人受益匪浅，能够客观地评价自己是多么重要。过高估计自己，就会使自己眼高手低，好高骛远；过低估计自己，就会自卑消极，不求上进。二者都不能使自己的才能得到正常发挥，不能使自己释放出最大的能量。如果对自己的形象和身体、品德和才能、优点和缺点、特长和不足、过去和现状，以及自己的价值和责任，都有一定的认识，那么一生都将受用无穷。反之，就会走向成功的反面。

有个青年，写七八行信都有十几个错别字，却做着"作家梦"。写了不少文理不通的稿子，四处投稿，均没被采用。他不知反省自己的不足，却一味埋怨别人没有眼光，不识人才；自己运气不好，没有遇见伯乐。妻子叫他从自己的实际出发，干些力所能及的事，而他却责怪妻子不理解他，不支持他的事业。久而久之家庭生活陷入了极度的困境，妻子无法忍受他那种长期执迷不悟，无所作为却牢骚满腹的行为，毅然离他而去，好端端的一个家庭毁灭了。这就是不了解自己的情况，从而断送了自己的前途。

人贵有自知之明，自知是人们对自我认识的正确态度，是走向成功的先决条件之一。在综合分析个性、个人能力的基础上，明确自己的职业优势和劣势在哪里，发扬优点，改正缺点，再结合职场状况、行业和岗位的情况，给自己找到一个坐标点，在那个位置上不断努力，如果你愿意这样努力着，如果你努力着并愉悦着，那么恭喜你，因为你没有把宝贝放错地方。方向对了，努力就对了。

>>> 二十几岁的思路决定三十几岁的出路

胡旭苍毕业了。为了他找工作的事情，父亲跑遍了所有关系，最后终于在当地的税务部门为他找到了一份好工作。当父亲问胡旭苍毕业后有什么打算时，胡旭苍的回答让父亲吃了一惊：我要去办公司，即使失败了也不要在企业里打工！

胡旭苍的回答让父亲感到很失望：这份工作可是我托了多少关系才找到的，多少人想进都进不来，每天不用太辛苦，工资待遇又高。但是看到胡旭苍坚决的态度，父亲也只好摇了摇头，叹了一口气。

胡旭苍开始创业了，虽然遭遇了很多困难，但他还是坚持住了，并取得了成功。2年后，年仅22岁的胡旭苍创立了中美合资中国佑利控股集团，自任董事长。后来，他还参与起草了CPVC管道制品的国家行业标准。2002年，胡旭苍当选为市人大代表。2008年，胡旭苍和马云等人一起当选为"2007浙江经济年度人物"。此时，他不过30岁！

是什么让胡旭苍快速走向成功的呢？是思路，是选择，是努力。

胡旭苍不甘心平平淡淡，他有自己明确的人生目标，并坚定地朝着自己的人生目标奔跑，努力奋斗，所以，他才能迅速走向成功。不甘平庸、渴望致富，一心想要有所作为，让胡旭苍最终成为同龄人之中的佼佼者。思想与魄力，决定了一个人一生成绩的大小。

二十几岁的年轻人大多是毕业想找个工作，安安心心地上班，这当然也无可厚非。但是，如果我们习惯朝九晚五的上班族生活，日复一日，任凭岁月消逝，而且满足这种状态，那么我们很有可能在三十几岁还在如此辛劳地为生活打拼，我们在二十几岁时的想法一定不要过于简单和满足。

看到很多人富有，很多人成功，我们不禁想要寻找原因，是什么造成了人与人之间的差异呢？为什么有的人能够得到巨额财富，而我们却不能呢？他们比我们富1000倍，就能说明他们比我们聪明1000倍吗？绝对不是。人的资质相差并不多，差异其实是后天造成的。想想看，我们的同学在毕业时大家起点一样，而过了5年、10年、15年后，同学再聚会时，大家会各不相同。同学之间的智力差距真的有那么多吗？绝对不是，真正的差距在于思想！

有道是：思路决定出路。一个人的想法决定了他将来的命运，一个人的思路决定了他未来的方向与出路。二十几岁时，我们不一定要马上创业，但是我们一定要及早准备、及早规划，尽最大的可能为自己寻找最好的出路，经过5年、10年、15年的努力，直至取得成功。

>>> 二十几岁时的选择决定你的一生

一家公司新来了一名女大学生，小伙子帮着她去领办公桌，没想到，她挑了1个小时都没挑好。小伙子说："差不多就算了，不就一张办公桌吗？"谁料，那名女大学生说："我刚毕业分配来，这张办公桌可能要陪我一辈子呢！"

说者无心，听者有意。这句话对小伙子产生了很大的震撼，一想到自己一辈子可能就围着一张办公桌转，他就不寒而栗。他毅然离开了闲散的机关单位，开始了自己的创业历程，这个小伙子就是如今的房地产大鳄潘石屹。

一些天赋相差无几的人，由于选择了不同的方向，人生却迥然相异。所以，走好每一步，做好每一次选择就显得尤为重要。选择往往就是一道门槛，不同的选择将决定不同的人生命运。20几岁时的选择更为关键，因为它可以决定30岁以后的命运。

二十几岁时，影响一生的重要选择就开始了。二十几岁时，我们都会面临若干种决定自己命运走向的选择。当人生的十字路口出现在我们的面前时，每一个路口都是那么陌生，我们不知道哪一个路口的方向是正确的，我们又应该选择哪一个路口。

哲学家苏格拉底曾经让他的学生在苹果林里挑选一只最好的苹果，不能回头。一些人在抉择途中，先是看见一个好苹果，为了后面能拿到更大的，一直没有下手，直至走到林子的尽头时，才发现先前的那个苹果更好；另一些人，一开始就摘下了自认为最好的果实，却发现另外的苹果比他的好吃，但是人生没有后悔药，不容你再次抉择。人生宛如一片果树林，等待我们去做一次次无法重复的抉择，摘下属于自己的果实，没有回头的机会。我们要学会做出明智的选择，通过比较，尽可能地为自己选择一条好的道路，摘到最大的果实。

我们必须做出正确的选择，因为只有选择了正确的方向，我们才能走在成功的路上。即使现在不能成功，将来也会成功。所以，选对正确的前进方向，是一件重要的事情。

二十几岁，选择人生方向和职业目标时，千万不要关注太多眼前的东西，要学会放眼未来，专注未来，避免陷入短视的误区。只有找对你一生为之努力奋斗的方向和事业，才能在赚取生存资本的同时，使自己的人生价值得到体现，未来的蓝图也会在工作中明朗起来。就像射击运动员一样，关注的永远只有一个靶心，找工作就是让我们寻找适合我们的行业，而不是今天要赚取多少钱。

>>> 正确选择，努力才有成果

成功离不开努力，而如果心中没有方向，那么你的努力就有可能是在做无用功。或许努力折腾了几年，仍然一事无成。实际上，选择比努力更重要。

只有选准了人生方向，选对了自己热爱的事业，你的努力才能有结果。

白龙马随唐僧西天取经归来，名动天下，被誉为"天下第一名马"，引得众马羡慕不已。于是，很多想要成功的马都来找白龙马，询问为什么自己同样努力却一无所获？白龙马说："其实我去西天取经时，大家也没闲着，甚至比我还累，我走一步，你们也走一步，只不过我的目标是西天，我选择了一个正确的方向，十万八千里走了个来回，而你们却在原地踏步而已。"

一个人的能力再大，水平再高，如果选择的平台不对，也将无法发挥潜能达成自己的目标。世界成功学大师卡耐基说："成功不是做你喜欢做的事，而是做你应该做的事。"人生的成败取决于选择，只有作出了正确的选择，努力才会有成果；如果选择错误，那么即使再努力也是枉然。

在生活中，成功者的秘诀是随时检视自己的选择是否有偏差，合理地调整目标，然后再作进一步的努力，让自己轻松地走向成功。

一个非常干练的推销员，他的年薪有六位数。很少有人知道他原来是历史系毕业的，而且在干推销员之前还教过书。

这位成功的推销员这样回忆他前半生的道路："事实上我是个很没趣的老师。由于我的课很沉闷，学生个个都坐不住，所以，我讲什么他们都听不进去。之所以是没趣的老师，是因为我已厌倦了教书生涯，毫无兴趣可言，但这种厌倦感却在不知不觉中也影响到学生的情绪。最后，校方终于不与我续约了，理由是我无法与学生沟通。可以说，我是被校方免职的。当时，我非常气愤，所以痛下决心，要走出校园去闯一番事业。就这样，我才找到推销员这份我能够胜任并且乐意从事的工作。

"真是'塞翁失马，焉知非福'，如果我不被解聘，也就不会振作起来！基本上，我是很懒散的人，校方的解聘正好惊醒了我的懒散之梦。因此，到现在为止，我还是很庆幸自己当时被解雇了。要是没有这番挫折，我也不可能奋发图强起来，并闯出今天这个局面。"

有人认为：如果没有成功的希望，屡屡试验是愚蠢的、毫无益处的。诺贝尔奖得主莱纳斯·波林说："一个好的研究者知道应该发挥哪些构想，而哪些构想应该丢弃，否则，会浪费很多时间在差劲的构想上。"

有些事情，你虽然付出了很大的努力，但你或许会发现自己处于一个进退两难的地位，你所走的路也许只是一条死胡同。这时候，最明智的办法就是及时抽身退出，去研究别的项目，寻找成功的机会。

牛顿早年痴迷于研制永动机。在进行了大量的实验之后，他很失望，但他很明智地退出了对永动机的研究，在力学中投入更大的精力。最终，许多永动机的研究者默默而终，而牛顿却因摆脱了无谓的研究，而在其他方面脱颖而出。

在人生的每一个关键时刻，都要审慎地运用智慧，作最正确的选择。选择正确方向，同时别忘了及时检视选择的角度，适时调整。正确无误的抉择，将指引你走在通往成功的大道上。

>>> 你的梦想，是你努力的方向

多年前，一位父亲领着两个年幼的儿子在农场上玩耍。这时，一群大雁叫着从他们的头顶上飞过，并很快消失在远处。小儿子问他的父亲："大雁要往哪里飞？""它们要去一个温暖的地方，在那里安家，度过寒冷的冬天。"他的大儿子眨着眼睛羡慕地说："要是我们也能像大雁一样飞起来就好了，那我就要飞得比大雁还要高。"小儿子也对父亲说："做个会飞的大雁多好啊！可以飞到自己想去的地方。"

父亲沉默了一下，然后对两个儿子说："只要你们想，你们也能飞起来。"两个儿子试了试，并没有飞起来。他们用怀疑的眼神看着父亲。

父亲说，让我飞给你们看，于是他飞了两下，也没飞起来。父亲肯定地说，我是因为年纪大了才飞不起来，你们还小，只要不断努力，就一定能飞起来，去想去的地方。

儿子们牢牢记住了父亲的话，并一直不断地努力，等他们长大以后果然飞起来了，他们发明了飞机，他们就是美国的莱特兄弟。

如果人生没有梦想，就好比陷在黑暗当中，不知道哪里才是方向。人生要有梦想，一辈子的梦想，一个时期的梦想，一个阶段的梦想……一个人追求的梦想越高越直接，他进步得越快，对社会也就会越有益。有了崇高的梦想，再加上矢志不渝地努力，没有什么不能成为现实。

如果将心理学家的结论用哲人的语言来表达，那就是：伟大的梦想构成伟大的心灵，伟大的梦想产生伟大的动力，伟大的梦想形成伟大的人物。

20世纪初，有个年轻的美国人，他确立的人生梦想是当美国总统。1910年，他就当选为纽约的参议员；1913年，任海军部助理部长；1920年他出任了民主党副总统候选人。1921年在他39岁时突染重病，他成了一个双腿不能活动的残废人。但是这个人并没有因此放弃当总统的梦想。

他制定了一个旁人看来十分笨拙的身体复元计划——从练习爬行开始。为了激励自己的意志，每次练爬的时候他都把家人、佣人叫到大厅来看。他说："我不需要掩盖自己的丑态。"他虽然用尽全力爬得汗如雨下，却还赶不上刚会走的小儿子。他的妻子后来回忆说："见他这样就像有千把尖刀刺在我的心上，可是他从来不听劝阻，坚持到底。"将近七年的坚持苦练终于使他从爬到能够站立起来，虽然仅仅能够站立一小时。1928年他竞选纽约州州长成功，1933年3月4日就任了美国第32任总统，终于实现了他的梦想，并于1936年、1940年、1944年三次连任，成为了一位执政时间长达12年的伟大的美国总统。是他实行新政先将美国从经济的大萧条中解脱出来；之后又带领美国向法西斯宣战，同全世界一起取得了第二次世界大战的胜利。

1945年4月12日，63岁的他因突发大面积脑溢血而去世于总统任期内。这位美国总统是谁呢？他就是富兰克林·罗斯福。梦想使他的生命力出现了超乎寻常的奇迹，他的成功就是追求梦想的胜利！

其实，怀有远大的梦想，你希望成为什么样的人，你就是什么样的人。我们应该相信，只要有远大的梦想，有积极的心态，就有可能创造奇迹，也就有可能改变世界。

人生就是要立大志：如果你还因为人生犹豫不决的选择而苦恼，那么，基于使命的选择就是你最正确的选择。

>>> 心中有方向，人生就不会飘落

站在哪里并不重要，重要的是下一步该迈向哪里。

初开车的朋友都有过这种感受：当车驶上立交桥时，望着纵横交错的道路，经常会茫然不知所措。如果选错了路，下一个出口可能在另一个遥远的陌生地方，要想到达目的地，就要多费周折。

其实人生也是这样，今天你站在哪里并不重要，重要的是你下一步该迈向哪里。方向正确，永远比跑得快重要。条条道路通罗马，但也可能让你偏离预定的目标，南辕北辙。方向错误，哪怕你奔波劳碌，不眠不休，终其一生，也不能到达你向往的地方；反之，只要方向正确，你根本用不着那么辛苦，也能比别人更快地到达成功的彼岸。

许多人虽然有良好的自身条件，优越的外部环境，可他们东奔西跑一生，终究无所作为。究其原因，在于他们偏离了梦想的方向。

这就像游鱼只有在水中才能找到自己的乐园；飞鸟只有在天空才能自由飞翔；老虎只有在山中才是百兽之王；麻雀是林梢上的英雄，不适合住在笼子里；农民出演教授，总有些找不到感觉；画家创作歌曲，味道总有些不专业……

因此说，从自己最熟悉的行业起步，做自己最擅长的工作，

是选择人生方向的一条重要经验。就如人们常常说的那句话：成功就在你胜任的地方。

大投资家、"股神"巴菲特的一个成功秘诀是：不投资自己不熟悉的行业。这也是成功人士的一个共同特点。无论是进行金钱投资还是智力投资，在自己熟悉且胜任的行业，总是比较容易获得成功。

佐川清出生于日本一个富裕家庭，8岁那年，母亲因病去世，他跟继母的关系不好，中学没毕业就赌气离家出走，到外面自谋生路。最初，他在一家快递公司当脚夫。那时的快递公司一般没有运输工具，主要靠搭车和走路，对体力要求比较高，非常辛苦。

当了20年脚夫后，佐川清35岁了。他想，自己的年龄不小了，应该拥有一份属于自己的事业。干什么好呢？别的行业他不懂，最好还是从自己最拿手的项目开始。于是，他在京都创办了佐川捷运公司。公司只有一位老板和一位员工，都是佐川清自己。公司的资产就是他强壮的身体。应该说，这是真正的白手起家，从零起步。

佐川清的优势是，他在这一行已有20年经验，知道怎样拉生意和跟客户打交道，也知道怎样把事情做好。度过最初的艰难时期后，他成功地打开了局面。

后来，他承接的生意越来越多，一个人忙不过来，开始雇用职员，还买了两辆旧脚踏车做运输工具。

再后来，佐川捷运公司发展成一个拥有万辆卡车、数百家店铺、电脑中心控制、现代化流水作业的货运集团公司，垄断了日本的货运业，并且将生意做到国外，年营业额逾3 000亿日元。佐川清本人也成为日本著名财阀之一。

佐川清的成功，就在于他选准了自己最擅长的行业，并为之付出了毕生的努力。

心中有方向，人生就不会飘落。有了正确的选择，把努力方向定在自己的强势项目上，对渴望成功的人来说，这是你最容易出成果的方法和途径。

>>> 规划好前程，努力不迷茫

年轻的你，对于未来三年、五年甚至十年的预期，很大程度上会决定你将来的境遇。

许多人在二十几岁时，就已经事业有成，实现了从靠父母养活的孩子到自立自强的成功人士的蜕变：

1981年出生的李想，18岁开始创业，20岁时运营泡泡网，目前身价2亿；与李想同岁的戴志康，21岁成为"康盛世纪"的CEO，目前公司营业额达到500万元；比他们小一岁的郑立，2002年创业，"163888华人第一音乐社区"的CEO，身价也跨过八位数……像他们这拨"80后"的年轻人，为什么年纪轻轻便能晋身事业有成的小老板呢？除了自身的见识、胆量和运气，很大程度上源于他们都是"心里有谱的人"。当同龄人都在"好好学习，天天向上"的时候，他们已经在想着"如何淘到第一桶金了"。

懂得未雨绸缪、对未来早做规划的穷人，才能有好前途和好出路。虚无缥缈地空喊"我要奋斗""我要做李嘉诚"，那是痴人说梦。要有事业偶像和奋斗目标，更要有务实的态度和积极的行动。从现在起，你就要谋划好未来的发展，比如我多少岁时应该在什么行业里立足，收入大概是多少，是自己创业还是进入某一组织的领导层，把目前能想到的统统写出来，力求具体和务实，让前途落到纸面上又不沦为纸上谈兵。

有的人说："我不要什么远大理想，就想在一个消费水平较低的小县城里，找份安稳的工作，安稳地活着。"这种"人穷志也短"的人，现在就将工作当成养家糊口而不得不干的差事，将来上班后肯定也是像老牛拉磨一样懒懒散散，不求有功但求无过。就这么混下去，五年、十年以后，你的生活会怎样？三十多岁为微薄的工资和奖金而活，让父母、老婆和孩子都跟你挤在一间小房子里受罪？醒醒吧，别像梦游者一样漫无目标地晃悠，或者每天按熟悉的"复读"键过日子，多问问自己："我三十岁时要如何立业？我这一辈子要活出个什么样？"

有一则寓言，说的是驴和马本是同一村子的好朋友，马决定随主人到外面拉货见见世面，驴子却坚持留在家里拉磨。结果，马在外面跟着主人吃了不少苦，但同时也跟着主人发了，留在繁华的城市里过好日子；驴依旧是围着磨盘打转，一生也走不出那片狭隘的天地。

明确前途规划，是出人头地的第一步。如果我们不想做一头在原地画圈的驴，就一定得在心里制定一份具体的规划：想做学问，就了解学术前沿、熟悉最新的科技成果；想从商，就全力以赴寻找赚钱的机会，干起来。不管你想做哪一行，只要一直在想，全身心投入行动，回报自然就会出现。

>>> 人生诀窍是经营自己的长处

几乎所有成功者都有一个共同特征：不论聪明才智高低与否，也不论从事哪一个行业、担任什么职务，他们都在做自己最擅长的事。

事实表明，一个人的成功来自他对自己擅长的工作的专注和投入，无怨无悔地付出努力和代价，才能享受甘美的果实。

一个人要想获得事业上的成功，就必须在智力方面扬长避短，用自己智力上的强项来争取优势。精英总是善于把自己的长处转化为成效。他们明白，人应当尽可能地扬长避短。为了取得成效，我们必须利用一切可利用的长处——同事的长处、上司的长处和自己的长处，这些长处构成了实实在在的机会。

人生的诀窍就是经营自己的长处，这是因为经营自己的长处能给你的人生增值，经营自己的短处会使你的人生贬值。把自己想做什么、能做什么，社会需要做什么，综合加以分析，找出最佳结合点，正确作出职业选择，你就迈出了人生事业发展的第一步。

莫里哀和伏尔泰都是失败的律师，但前者成了杰出的文学家，而后者成了伟大的资产阶级启蒙思想家。

达尔文学习数学、医学呆头呆脑，一摸到动植物却灵光焕发。

阿西莫夫有一天突然发现："我不能成为一个第一流的科学家，却能够成为一个第一流的科普作家。"于是，他把全部精力放在科普创作上，终于成了当代世界最著名的科普作家。

因此，每一个人都应该努力根据自己的特点来设计自己、量力而行，根据自己的环境、条件、才能、素质、兴趣等，确定目标和方向。

人生的诀窍在于经营自己的长处，找到发挥自己优势的最佳位置。世界上的工作千万种，对人的素质要求各不相同，干不了这个可以干那个，总可以找到自己的发展天地。只要善于经营自己的长处，并且奋力拼搏，一定会取得成功，创造辉煌。天无绝人之路，"大路朝天，各走一边"。只要你善于发挥自己的优势，经营自己的长处，就总能找到适合自己发展的道路。

>>> **你能做好的，都是适合你的**

生活中，许多人正在从事与自己天性格格不入的职业，因为这些人总是相信，投身于时下最为热门的行业，就俨然处于社会光环的中心，就会得到权力、地位和财富，实现自我的价值。不过，等他们花尽毕生的力气追求之后，他们才恍然大悟，原来自己真正应该做的事情没有做，自己所追求的很多热门生计其实根本不适合自己，甚至根本就没有意义。

所以，我们必须让自己处在真正适合自己的位置上，完成所应该完成的工作，承担所应该承担的职责。如果你的天赋和内心要求你从事木工工作，那么你就做一个木匠；如果你的天赋和内心要求你从事医学工作，那么你就做一个医生……如果你没有任何内在的天赋，或者内在的呼声很微弱，那么，你就应该在你最具适应性的方面和最好的机会上慎重地做出选择。

作家斯贝克一开始并没有意识到自己会成为作家，曾几次改行。起初，因为他身高一米九多，爱上了篮球运动，成为一名篮球运动员。因为球技一般，年龄渐长，又改行当了画家，他的画技也无过人之处。当他给报刊配画时，偶尔也写点短文，终于发现了自己的写作才能，从此走上了文学创作的道路。

伦琴原来学的是工程科学，在他老师的影响下，做了一些物理实验，逐渐感觉到自己干这一行最适合，后来终于成了一个有成就的物理学家。

德国作曲家亨德尔在尚未学会说话时就开始学习演奏乐器。10岁时就创作了六首乐曲。亨德尔的父亲是宫廷理发师，他希望儿子成为律师，看到儿子如此爱好音乐，十分担忧，便采取了严厉的措施，禁止儿子演奏乐器，甚至不让儿子上小学，因为小学有音乐课。可亨德尔根本就不理会父亲的用心，白天不行，他就在夜深人静时起来练琴，为了不被人发觉，只好不出声地练。后来，他终于成为与巴赫齐名的音乐巨匠。

哈佛大学的伯恩斯教授做了一个统计，发现几乎所有成功者都有的一个共同特征：不论聪明才智高低与否，又不论是从事哪一个行业、担任什么职务，他们都在做自己最擅长的事。事实表明，一个人的成功来自他对自己擅长的工作的专注和投入，无怨无悔地付出努力，才能享受甘美的果实。

我们选择职业时，要注意的是特长与职业的匹配。比如擅长形象思维的人，较适合从事文学艺术方面的职业和工作；擅长逻辑思维的人，则比较适合从事哲学、数学等理论性较强的工作；擅长具体思维的人则比较适合从事机械、修理等方面的工作。总之，找到发挥自己优势的职业才能发挥我们自身最大的潜能。

Part3

别在该吃苦的年龄选择了安逸

我们总是羡慕成功人士的光环，却从来不想他们光环背后的痛苦和艰辛。只喜欢接受结果的美好，却不喜欢承担实现过程中的风雨。

人生就是酸甜苦辣的百味瓶，你不可能一路走来都是含着蜜糖的。该努力的年龄不要选择了享乐，该吃苦的日子不要选择了安逸。生活的真谛便是有苦有甜，先苦后甜。

>>> 苦难的隔壁住着幸运

在亚马逊平原上生活着一种雕鹰，这种鹰飞行力极强，被誉为亚马逊平原的"飞行之王"。但是，成就"飞行之王"的美誉背后却是非同寻常的历练和痛苦。

雕鹰的飞行训练之苦，是其他鸟类难以企及的。当小雕鹰刚会飞翔时，母雕鹰便残忍地将它的翅膀肋骨弄断，然后把小雕鹰叼到山顶最高处，从山巅甩向悬崖深处。在向山下坠落的过程中，唯有小雕鹰奋力拼搏，忍痛向上飞翔，才有活命的希望。因此，为了生存的希望，每一只小雕鹰不得不强迫自己忍受巨痛，在几乎绝望的状态下争取生命的机会。

困境中的小雕鹰求生欲强烈，它奋力拍打着受伤的翅膀，由于骨骼的再生能力，受伤的翅膀在恢复中变得更加强韧矫健，直到彻底痊愈。这时的小雕鹰好像浴火重生的凤凰，获得了新生，充满了神奇的力量。正是经过如此残酷的训练，小雕鹰由最初的雏鹰成长为强大迅猛的"飞行之王"。

每一个物种的生存，都伴随着苦难和伤痛。人类从诞生的那一刻起，嘹亮的第一声啼哭，似乎寓示着人生即苦。苦难是我们都不想面对的，但是当它出现在我们的人生之路中时，我们又无法逃脱。如果你没有吃过苦，说明你的人生不是完整的。

苦，虽然折磨人，但也能造就人。从未经历过苦难的人生是脆弱的，不堪一击；而在苦难历练下成长起来的人是强大的，百折不挠。学会吃苦，懂得如何吃苦，你便能够从中收获甘甜。

人生总是苦乐参半的，既有幸福，也有痛苦。没有一个人能够完全保证，自己的人生永远是幸福甜蜜，大部分人的生活还是在一半是幸福一半是痛苦中度过。更多时候，我们还觉得痛苦大于幸福。

苦有轻有重，无论命运给你安排了哪一种，你都无从抗拒。但是要相信命运是公平的，你的苦有多大，享有的福果就有多大。不要害怕吃苦，换个角度看，吃苦也是幸运。

苦难和幸运对于每一个人都是公平的，它们往往并肩而行。很多人因为害怕苦难而把机遇拒之门外，从而让成功失之交臂。其实，苦难本身并不可怕，可怕的是我们面对苦难时逃避的态度。战胜苦难并非做不到，可悲的是在即将决心与苦难作斗争时，自己的内心先败下阵来。结果，因为不堪屈辱而哭泣，因为屡屡受挫而惊慌，因为屡战屡败而一蹶不振，因为一败涂地而自暴自弃。

苦难是一所大学，经历了苦难的磨炼，才能够更加强壮。幸福可以给我们美妙的感觉，而痛苦却可以给我们坚强的意志。

苦难并非安乐的障碍，如果将苦难化为动力，它就会给我们带来机遇和幸运，给我们带来功德和利益。对意志坚强的人来说，苦难就是他的成功动力、幸运之缘。

>>> 苦是人生不可缺少的"钙"

苦难是每一个人都不想面对的，但是当它出现在我们的生命中时，我们又无法逃脱，这时候我们就需要换个方向来看待它——吃苦是福。

苦是人生不可缺少的钙元素，如果你没有吃过苦，说明你的人生不是完整的。学会吃苦，懂得如何吃苦，你便能够从中收获巨大。苦，虽然折磨人，但是同时也是锻炼人的最直接的方法。吃苦是一种资本，因为不经历一番寒彻骨，怎有梅花扑鼻香？只有尝过了人生之苦，收获的果实才能更加甘甜。

世界著名画家凡·高的一生可谓是历经万般苦难。从《凡·高传》的字里行间，我们都可以深刻体会到这位伟大的画家的伤口和疼痛。这个世界上或许没有人可以真切体会他的苦痛。我们难以想象，是什么样的痛苦可以让他自己忍心用剃须刀片割下了自己的一只耳朵；我们更难以想象，是什么样的苦难可以让他在麦田中竟然对着自己的胃部开了一枪，而且是不致命的一枪。两天之后，这位画家才在剧痛中去世。

或许他早已精神崩溃，或许他早就厌烦了这个苦难的人生，然而苦难却又同时给了他旷世的创作灵感。这位年轻的画家在他短短的37年的生命中，奉献出了震动世界的名画。他早期的画喜欢用荷兰画派的褐色调，但他天性中存在的热情使他抛弃荷兰画派的暗淡和沉寂，并迅速远离印象派，因为印象派对外部世界瞬间真实性的追求和他充满主体意识的精神状态相去甚远。在他的画作中，不是以线条而是以环境来抓住对象。他重新改变现实，以达到实实在在的真实，促成了表现主义的诞生。

历史证明，这位生前一直不得志的画家，在其死后若干年终于得到了承认。他的一个作品《加歇医生的肖像》如今已被拍出了8 250万美元的天价。这是作者的苦难赋予它的价值。

一个在温室中长大的孩子，没有风雨的锻炼，没有烈日的烘烤，很容易一走出温室就经受不起外界的恶劣条件而被击垮，这种精神上的缺钙现象同样告诉我们，适当的吃苦是必需的。苦，锻炼了人的心智，磨炼出人的意志，使人能更乐观地憧憬着美好。境由心生，路便越来越好走。

人的一生不会事事如意、一帆风顺，吃苦是难免的。这苦有轻有重，无论命运给你安排了哪一种，你都无从抗拒。但是要相信命运是公平的，你的苦有多大，它后面的甜便有多大。

不要害怕吃苦，从另一个角度来审视苦难，接受苦难。当你克服它的时候，就是你自由翱翔的时候。

我们无法保证谁的人生全是甜蜜，相反我们却可以肯定每一个人的人生都是幸福和痛苦的混合体。幸福可以给你美妙的感觉，而痛苦却可以给你异于常人的翅膀。

>>> 年轻时放纵自己会吃尽苦头

现在很多年轻人一方面大谈人生、理想、成功，另一方面又缺少拼搏和吃苦的精神。他们缺少自律的意志，贪图安逸，热衷享受，纵容自己的惰性和欲望，在"自我陶醉"中打发着日子。这样的人一生是难以取得什么成就的，也不会有什么幸运可言。

年轻人面对的最大敌人是谁？或许有很多种答案，有的人说是竞争对手，有的人说是自然条件，有的人说是金钱……其实这些都不是最重要的，最大的敌人就是你自己。如果你能控制自我的话，那么其他敌人就会变得微不足道了。但又有几个人能做得到呢？更多的人是在纵容自己的缺点，任它阻挠自己前进的脚步，这样最终的结局就是毁了自己的一生，让自己吃尽"苦头"。

那么，"纵容自己"指的是什么？

1. 纵容自己的怠惰

有人是天生怠惰，这种人没什么好说的，因为他根本没有改变怠惰的自觉性，谈了也是白谈。有人则是属于特定条件下的怠惰，例如长久工作后所产生的无力、无心再工作的心理性怠惰，以及高压力下所引起的反弹式怠惰。除了天生怠惰，任何形式、原因的怠惰都是可以理解与接受的，因为这是一种放松，一种自我治疗。但若纵容这种怠惰的情况存在，甚至沉溺于怠惰，则危机必伴之而生，除了本身的退化之外，也给外敌以可乘之机。

2. 纵容自己的弱点

人都有弱点，有些弱点是先天的，无法矫正，但性格上的弱点却可以人为地去矫正。例如好色、好赌等这些致命性的弱点，你如果不愿坦诚面对，尽力节制，而纵容自己在这些方面寻求满足，那么将予人以可乘之机，最终使自己堕落。

3. 纵容自己的安逸需要

人都是好逸恶劳的，但安逸和危机是双胞胎，如果耽于安逸而不做危机思考，或贪图安逸而逃避问题，则麻烦必至。"生于忧患，死于安乐。"古人之言，今人仍不可不信!

4. 纵容自己的欲望

满足欲望是人性，但不论有无满足欲望的条件，纵容自己的欲望绝不是件好事，因为这将使你失去理智，模糊你追求的目标，于是险诈至矣!

5. 纵容自己的情绪

放纵喜怒哀乐的情绪，除了会影响别人的情绪之外，也会改变别人对你的态度。尤其是"怒"的情绪，这是一把利剑，很容易伤人。除了会使你的人际关系产生变化之外，也会因别人不愿冲犯你，故不愿提供给你可靠的信息，使你对周围环境的认识产生扭曲，失去判断的准确性。

那些能取得成功的人士，就因为他们永远不会纵容自己，他们总是不断地反省，永远地自律。所以，在社会中他们往往是胜利者，因为他们先战胜了自己!

>>> 好逸恶劳者的田地杂草众生

懒惰、好逸恶劳乃是万恶之源，懒惰会吞噬一个人的心灵，就像灰尘可以使铁生锈一样，懒惰可以轻而易举地毁掉一个人，乃至一个民族。

亚历山大征服波斯人之后，他有幸目睹了这个民族的生活方式。亚历山大注意到，波斯人的生活十分腐朽，他们厌恶辛苦的劳动，却只想舒适地享受一切。亚历山大不禁感慨道："没有什么东西比懒惰和贪图享受更容易使一个民族奴颜婢膝的了；也没有什么比辛勤劳动的人们更高尚的了。"

无论是对个人还是对一个民族而言，懒惰都是一种堕落的、具有毁灭性的东西。懒惰、懈怠从来没有在世界历史上留下好名声，也永远不会留下好名声。懒惰是一种精神腐蚀剂，因为懒惰，人们不愿意爬过一个小山岗；因为懒惰，人们不愿意去战胜那些完全可以战胜的困难。

因此，那些生性懒惰的人不可能在社会生活中成为一个成功者，也不会成为时代的幸运者，他们永远是失败者、倒霉者。懒惰是一种恶劣而卑鄙的精神重负，人们一旦背上了懒惰这个包袱，就只会整天怨天尤人，精神沮丧、无所事事，这种人完全是一个对社会无用之人。

有些人终日游手好闲、无所事事，无论干什么都舍不得花力气、下工夫，但这种人的脑瓜子可不懒，他们总想不劳而获，总想占有别人的劳动成果，他们的脑子一刻也没有停止思维活动，他们一天到晚都在盘算着去掠夺本属于他人的东西。正如肥沃的稻田不生长稻子就必然长满茂盛的杂草一样，那些好逸恶劳者的脑子里就长满了各种各样的"思想杂草"。懒惰这个恶魔总是在黑夜中出现，它直视那些头脑中长满了这些"思想杂草"的懦夫，并时时折磨他们、戏弄他们。

那些游手好闲、不肯吃苦耐劳的人总是有各种漂亮的借口，他们不愿意好好地工作、劳动，却常常会想出各种理由来为自己辩解。确实，一心想拥有某种东西，却害怕或不愿意付出相应的劳动，这是懦夫的表现。无论多么美好的东西，人们只有付出相应的劳动和汗水，才能懂得这美好的东西是多么的来之不易，才能愈加珍惜它。即使是一份悠闲，如果不是通过自己的努力而得来的，这份悠闲也就并不甜美。不是用自己劳动和汗水换来的东西，你就不配享用它。

人都有惰性。躲在阳光下，暖洋洋地不想起来；坐在树阴下聊天不愿工作或沉迷于娱乐厅中，致使好多应该做的事情没有做，也使好多本应成功的人平平淡淡。其罪恶之首，就是懒惰。懒惰是一种习惯，是人们长期养成的一种恶习。这种恶习只有一种成果，那就是使人躺在原地而不是奋勇前进。因此，要想具有一定成就就要改掉这种恶习。

>>> 不吃苦中苦，难为人上人

"做别人不愿做的事，吃别人不能吃的苦，你就能挣别人挣不了的钱。"这是一个穷人家孩子的成功心得。

周大虎，浙江大虎打火机有限公司董事长，目前拥有个人资产3亿元。17岁时，周大虎跟随同乡去西安做钣金工，当时的伙食供应要有全国粮票，周大虎没有全国粮票，经常是吃完上顿没下顿。吃不饱倒是其次的，倒霉的是当时的政策不允许外出打工，没过多久，周大虎作为包工队的一员被抓，在西安关了一个月后遣返回老家，成为乡里乡亲茶余饭后的笑谈。这事搁在谁身上都够郁闷的（背井离乡，饭吃不饱，钱没赚到，到头来灰头土脸），可是周大虎却想得很开，天天笑呵呵的，好像这事跟他一点关系都没有。

没过多久，他又跑到江西、安徽和湖北等地找出路。期间，周大虎吃过的苦、遭过的罪刻骨铭心：在邮电局扛邮包累到没力气回住处；整整七年时间一直在外漂着，过年都没有回家。当同乡人叫苦不迭、纷纷撤回来时，周大虎咬牙坚持着，在逆境中寻找致富的希望。

靠打工积攒的5 000元钱，周大虎招了几个工人，腾出一间房子作车间生产打火机，开始自己创业。凭借多年吃苦换来的经验和人脉，周大虎在打火机市场迅速站稳脚跟，一年之后就"鸟枪换炮"租下一间200多平方米的厂房，招募了100多个工人。为发展事业，周大虎把妻子和孩子从刚装修好的新居搬进租来的旧厂房里，一家人挤在没有窗户、没有空调、也没有厕所的小阁楼里天天工作十多个小时，发誓"不搬新厂房，绝不搬新家"，结果这一住就是五年。

正是周大虎能吃苦，才使得打火机公司的销售额成倍增长，到1999年产值早已过亿。

吃苦，是一个人出人头地的必经之路，也是身处逆境时必要的历练。没受过委屈、没经过苦日子的人，不会对苦难有着刻骨铭心的感受，也不会有强烈的奋斗决心。

跟周大虎一样，正泰集团董事长南存辉和德力西集团董事局主席胡成中，当年也是典型的穷人，去上海学艺时，两个人挤在空间狭窄的小阁楼里睡地板。跟许多成名以后"免谈过去"的人相比，南存辉和胡成中很坦然，即使是当了老板以后，也照样能够脱下西装睡地板。

那些勇于吃苦的成功人士都深深懂得：顶着压力、迎着挫折努力奋斗，苦中作乐，就是对自己负责，就是与命运搏斗，就是为将来在更高的平台上大展宏图打基础。

要想人前显贵，必先人后受罪。想发财致富，就要敢于"吃苦"，在吃苦中积累能力和阅历。人类的发展史证明：想摆脱落后，由弱变强，靠天靠地都不靠谱，只能靠自己吃苦"磨"出来。影视大亨邓建国说："年轻人不要怕辛苦，要能吃苦。在海南创业时我睡过地铺，在广州时我露宿街头，人就是那么一回事儿，不能对自己太放松。吃得苦中苦，方为人上人。"当然，还要牢记一条：吃苦并不可怕，就怕苦吃得没有价值。选择正确的方向去吃苦，你才能收获更多。

咬紧牙关、承受痛苦的人，就是做大事的人，就是苦难人生中的幸运的人。谁都知道，成功不是一件容易的事，你不仅要面对各种各样的困难，还要舍得吃苦，吃尽苦头。

吃小苦，吃大苦，不敢吃苦、害怕吃苦的人，压根就别想成为成功者，别想获得命运的青睐！

>>> 想尝甜头，先吃苦头

小时候我们可能都吃过一种苦味糖，这种糖刚开始吃的时候，非常苦，很多孩子因为忍受不了而吐掉，然而只要坚持一小会儿，外面的苦层化掉之后，剩下的部分就格外甜了。如果因为经受不了苦味而早早地把糖丢弃，那么也就尝不到后面的甘甜了。

苦不尽，哪有甘来？人生就是一块苦味糖，先苦后甜，或者苦甜参半才是它的真实味道，如果你因为它的苦味而早早地对它放弃了希望，那么人生的甘甜也永远不会到来。

20世纪20年代，贝里·马卡斯跟随父母从俄罗斯来到美国，全家在纽威克一个穷人聚居区安顿下来。他的降临让他久患风湿病而无法下床行走的母亲重新可以走路。母亲常常告诉他，对生活要有信心，生活总会苦尽甘来。母亲能够再次下床行走恰恰验证了母亲的这句口头禅。这种乐观的生活态度潜移默化地影响着他的生活。

贝里·马卡斯回忆道，虽然母亲的风湿病没有完全康复，但她从不抱怨生命，她甚至会不时取下手上缠着的石膏绷带，在寒冷的冬天为孩子们洗衣服，在炎热的夏天为孩子们做饭。尽管生活艰辛，母亲始终相信苦尽甘来这一道理。

马卡斯从小的理想是上医学院，毕业后成为一名大夫。因为家庭的经济约束，他就近选择了路特格大学的纽威克校区，这样便可以住在家里而省下住校的费用。马卡斯开始学习医学预科课程，并取得了优异的成绩。

一天，系主任通知马卡斯，已经为他争取到了上医学院的奖学金，然而他自己还必须另缴1万美元的学习费用。对于当时马卡斯的家庭状况而言，这是一笔巨大的支出，是负担不起的。于是，马卡斯只好退了学，到佛罗里达州去找工作。路上，马卡斯跟母亲通了电话，告诉了她这个不幸的消息。母亲的回答给了他勇气："孩子，不要失去希望，不要害怕吃苦，早晚有一天你会苦尽甘来的！"

后来，马卡斯在餐馆当了一年服务生，有了一定的积蓄后，他选择了新泽西州的药学院继续他的梦想。毕业后，他开始营销药品，这让他接触到了商品零售业，并开始喜欢上了它，直到他跳槽到西部一个名为"便民"的商品零售公司，他对于自己的人生有了真正的想法。

在"便民"公司，他常看到不少自己动手装饰和修补住房的人来买各种家装必需品，但他们不可能在一处一次就买齐。一天，他突然有了一个主意：如果能有一家大商场，把所有的家装材料店，如厨卫设备店、涂料店、木材店全都包括进来，顾客岂不更方便？要是所有经销商都懂得怎样修马桶或怎样安装吊扇，岂不更好？这便是马卡斯的梦想的起源。

1978年的一天，老板召见他，马卡斯便向老板谈了自己的建议，希望通过他的提议可以把"便民公司"变成一家盈利的大型连锁超市。然而，老板认为这是马卡斯在他面前炫耀才能，于是不但没有接纳他的意见，反而将马卡斯解雇了。

母亲的话再次浮现在他的脑海中，他没有被打倒，苦涩给了他更多的力量和勇气，他决定放手自己干。马卡斯利用这个被解雇的机会，决心自己当老板，着手实现创建一个大型家装材料总汇超市的构想。他的这个超市将面向人口众多的工薪阶层，他们是自己动手搞家装的主力，他这样做，正好为他们提供了及时的、恰到好处的帮助。于是，一个名为"家庭"的大型家装材料公司应运而生。

在马卡斯的悉心管理下，这个材料公司的生意非常红火，业务已经遍及全美国，甚至开始扩展至全球。如今，马卡斯已年满72岁，他在零售业营销市场上奋斗了50余年。当谈及他的成功，他总是谦虚地说，这没什么，只不过是我一路坚持走来，最终苦尽甘来。

人生就是酸甜苦辣的百味瓶，你不可能一路走来都是含着蜜糖的。生活的真谛便是有苦有甜，先苦再甜，吃甜忆苦才是不断交叉的两种人生状态。

苦不尽，哪有甘来？用这条人生哲理时刻鞭策自己忍受磨难，努力奋斗，不断前进，那么甘甜的生活才会在不久之后出现。

>>> 能吃苦，也是一种幸运

很多人都曾感叹："成功实在太辛苦了。"其实他们说的没错，成功非常辛苦，可是你想过吗？失败是更辛苦的。因为成功者辛苦一阵子，就能够帮助自己成功，然而失败者却要辛苦一辈子。从这个意义上讲，失败者的"毅力"比成功者更坚强，因为他们是在忍受一辈子。然而成功者往往不能忍受，所以他们才迫不及待地追求成功。

怕苦会苦一辈子的，不怕苦只要苦一阵子。可以说你如果能在一阵子当中把你一辈子能吃的苦都吃下去，接着你就开始享受成功的果实。然而如何快速浓缩你的苦一次吃完呢？就是不断地行动；不断地忍受失败；不断地忍受嘲笑；不断地接受被泼冷水；不断地接受打击，然后还能接着行动，这都是成功者在成功之前做的事情。

如果你想成功，请你暂时忍受一时的辛苦，拿出努力，大量行动。假如你还不愿采取行动帮助自己成功，那表示你还不是那么想成功。

想要成功，就要做别人不愿做的事情，先吃别人不愿吃的苦；假如想要失败的话，那么做什么都无所谓。你必须要选择成功或失败，做一个决定。所以成功和失败都是你自己的决定。

人的一生是由幸福和悲伤、成功和失败、欢乐和痛苦交织而成的，只有当你经受得住各种苦难的考验，才能展示你的真正价值。

苦难是锻炼人意志的最好学校。与苦难搏击，它会激发你身上无穷的潜力，锻炼你的胆识，磨炼你的意志。

苦难是人生的必修课，强者视它为垫脚石，视它为财富；弱者视苦难为绊脚石、万丈深渊，被它压垮。

上帝是公平的，他在把苦难撒向人间的时候，往往准备好了等重的回报等着勇士去拿。当苦难不期而至时，我们要视苦难为机遇，向它宣战。当你成功地征服它之后，就能真切地感受到生活的甘甜，人生的价值。

因此，不要埋怨吃苦，应该感谢上苍，至少你还能有吃苦的机会。从这个意义上来说，能吃苦，也是一种幸运。

>>> 向与生俱来的惰性开战

长辈们常常叮嘱我们，年轻的时候要多努力，不然到老了会后悔莫及。不论是今日事今日毕的做事态度，还是未雨绸缪的生活哲学，只要今天的你还有能力和体力，就要把握最佳的状态和时机，把能力尽情发挥。

日常要维持一项工作的正常运转，总有一些例行琐事需要处理。久而久之，我们很容易满足于仅仅处理这些日常例行之事，安于现状，不思进取。这是人的惰性使然。

惰性让我们忘记了继续前进，以为只要一直按着老办法行事，就会一切太平，这已经使得他们不敢再越雷池半步，让他们不敢大胆地表明自己新的观念，或者在挫折面前采取"一朝被蛇咬，十年怕井绳"的态度。我们要在事业上取得成功，就要不断地打碎心中的这块玻璃，不断与我们的惰性斗争，积极地行动起来，超越无形的障碍，在工作中继续进步。

懒惰是人性的天敌，一个人只有战胜了懒惰，超越了自我，才能为事业赢来更多的时间和机会，才会愈靠近成功。

许多人本来有很高的天赋，然而正是由于惰性而使他在前进路上历尽坎坷。

懒惰的人，往往自以为比较聪明，什么东西一学就会，理想很高，却又不愿付诸实践。对于别人的成功，也总是不太在乎，认为自己只要努力做，是不会比别人差的，然而自己却从不肯去努力。

据说在门捷列夫发现元素周期律后，曾引起一些想成名却又懒于动脑筋的年轻人的兴趣。有一次，这位青年问门捷列夫："您是怎样想到元素周期性的。"门德列夫听了，大声笑道："这个问题我研究了二十年了，已经也不可能会突然想到元素的周期性，这靠的是无数次的实验和若干的经验总结。你认为这是坐在桌子旁边能想得出来的吗？"

任何有志于成功的人都要牢记，如果不能克服掉身上的惰性，一生就会无所作为。勤奋的人即使没有特殊的天赋和才能，只要有一股坚忍不拔的努力奋斗的精神，亦能体会到成功的喜悦。

>>> 别在该奋斗的日子选择了安逸

二三十岁的时候，是一个人一生中的黄金时代。这个时候，身体最强壮、精力最旺盛、头脑最灵活，不怕失败最有冲劲，也是人格、观念、习惯等最容易成型的时候。如果在这个年龄不珍惜时间，不努力奋斗，就会浪费人生中最美好的时光，等到年龄大了再想起去奋斗，体力、精力等都已衰退，力不从心，只能在悔恨中看着时光流逝了。

网络上有一句话非常流行："别在最该奋斗的日子，选择了安逸"。你想要好成绩，但是你不努力学习；你想要富裕的生活，但是你不去拼搏奋斗；你想要健康的身体，但你没能坚持锻炼；你想要称心如意的生活，但从未真正改变过自己。如此，便也无需抱怨自己不够成功、不够风光。毕竟，你尽力了，才有资格说自己运气不好。

锦瑟流年，花开花落，岁月蹉跎匆匆过，而恰如同学少年，在最能学习的时候你选择恋爱，在最能吃苦的时候你选择安逸，自是年少，却韶华倾负，再无少年之时。错过了人生最为难得的吃苦经历，对生活的理解和感悟就会浅薄。

什么叫吃苦？当你抱怨自己已经很辛苦的时候，请看看那些透支体力却依旧食不果腹的劳动者。在办公室里整整资料能算吃苦？在有空调的写字楼里敲敲键盘算是吃苦？认真地看看书，学学习，算吃苦？如果你为人生画出了一条很浅的吃苦底线，就请不要妄图跨越深邃的幸福极限。

在你经历过风吹雨打之后，也许会伤痕累累，但是当雨后的第一缕阳光投射到你那苍白、憔悴的脸庞时，你应该欣喜若狂，并不是因为阳光的温暖，而是在苦了心志，劳了筋骨，饿了体肤之后，你毅然站立在前进的路上，做着坚韧上进的自己。其实你现在在哪里，并不是那么重要。只要你有一颗永远向上的心，你终究会找到那个属于你自己的方向。

请不要在最能吃苦的时候选择安逸，没有人的青春是在红地毯上走过，既然梦想成为那个别人无法企及的自我，就应该选择一条属于自己的道路，为了到达终点，付出别人无法企及的努力。

>>> 奋斗要趁早，早努力早幸运

一位伟人曾说过，"广大青年是中国社会最积极、最活跃、最有生气的一支力量，是值得信赖、堪当重任、大有希望的一代。"

自古英雄出少年。知道马克思、恩格斯、达尔文、爱因斯坦、李政道、杨振宁等人在二三十岁时都有什么杰出的表现吗？

1848年，当《共产党宣言》在英国成稿，揭示共产主义运动成为不可抗拒的历史潮流时，起草这份宣言的共产主义革命导师马克思刚满而立之年，而恩格斯不过28岁。

17世纪下半叶，英国大科学家牛顿和德国数学家莱布尼茨分别在自己的国度里独自研究和完成了微积分的创立工作。22岁的牛顿从运动学考虑研究微积分，而28岁的莱布尼茨则侧重于几何学。

1809年出生的达尔文，于1931年从剑桥大学毕业。当年22岁的他，以博物学家的身份参加了同年12月末英国海军"小猎犬号"舰环绕世界的科学考察航行。航行时间长达五年，先在南美洲东海岸的巴西、阿根廷等地和西海岸及相邻的岛屿，然后跨太平洋至大洋洲，继而越过印度洋到达南非，再绕好望角经大西洋回到巴西，最后于1836年10月2日返抵英国。在这次航行中，达尔文在动植物和地质方面进行了大量的观察和采集，经过综合探

讨，形成了生物进化的概念，并于1859年出版了震动当时学术界的《物种起源》。

1895年，16岁的爱因斯坦在了解到光是以很快速度前进的电磁波后，产生这样的想法："如果一个人以光的速度运动，他将看到一幅什么样的世界景象呢？"十年后，26岁的爱因斯坦提出狭义相对论，又过了11年，37岁的爱因斯坦提出广义相对论。相对论的提出，构建起崭新的物理学大厦。

1956年，杨振宁与李政道合作，提出"弱相互作用中宇称不守恒理论"，共同获得1957年诺贝尔物理学奖。此时两人都很年轻，杨振宁35岁，李政道31岁

……

历史上很多名人，大都是在年轻时就已经取得了成就。他们珍惜时光，追随心中的梦想，不懈努力，在最美好的年华里实现了最美好的理想。

年轻人拥有许多成功的先决条件，热情似火，精力充沛，思想敏锐，有胆有识，不愿服输，在这个时期开始人生的奋斗之旅，就会为日后人生的成功打下坚实的基础。

不要辜负上天赐予的宝贵年华。出名要趁早，奋斗要趁年轻。早一天奋斗，就早一天走向成功。越早努力的人，越容易赢得幸运女神的垂青。

Part4

没有翅膀，就要努力奔跑

　　登高必自卑，行远必自迩。正如爬山，你只要低着头，认真耐心地去攀登。到你付出相当的辛劳努力之后居高远望，你就可以看见你已经克服了多少困难，走过来多少险路。

　　起点低？没有人脉？能力不够？这些都不重要。重要的是你要竭尽全力。想比别人优秀，就要比别人更努力。没有翅膀，也要努力奔跑。

>>> 勤奋是幸运的催产婆

要成功，勤奋是关键。只有无止境地追寻，才能到达成功的理想境界，领略无限风光。即使天生愚钝的人，只要真诚地投入到事业中去，笨鸟先飞，也能创造出人间奇迹。

著名数学家华罗庚在小学读书时，因为成绩不好，没能获得毕业证书。在初中一年级时，数学也是经过补考才及格的。由于他认识到自己天资较差，就加倍努力学习，初中二年级时，就发生了明显的变化。他能够攀登数学高峰，主要是依靠勤奋努力。

梅兰芳在青年时代，曾拜一位老艺人为师，学唱京剧。老艺人教了他一些动作，特别是教他如何用眼神表达心理活动。可是梅兰芳怎么也学不会，眼球不听使唤，目光也缺乏生气。老艺人说梅兰芳长了一双"死鱼眼睛"，没有培养前途，拒绝收他为徒。梅兰芳并没有因此而气馁。他坚持苦练眼神，每天仰望蓝天，追逐鸽子的走向，又俯视水中的金鱼。经过长期锻炼，他的眼睛转动自如，如流星，似闪电。

法国有个叫卡尔·威特的人，孩提时，邻居们都在背后说他是个白痴。他父亲也伤心地说："上天为什么给了我这个傻孩子。"尽管如此，父亲还是耐心地教他学说话、认字，用大自然的动植物启迪他的智慧。结果，他9岁考入莱比锡大学，14岁发表数学论文，被授予博士学位，16岁被聘为柏林大学教授。

　　日本著名林学博士本多静六说："我年轻时，脑子很不好，以致连中学都没考上。希望破灭后，我企图跳海自杀，幸而被人救起。从此，我便发奋学习，并在大学两度荣获了银表奖。"

　　捷克大教育家夸美纽斯说："勤奋可以克服一切障碍。"只要勤奋努力，就能战胜遗传的缺陷，克服自身的弱点。天资聪敏者的优势，往往只在某个方面。而所谓素质差，也仅仅是指某个方面。只要进行反复训练，勤奋努力，就能消除这方面的差距，同样也可以有所作为。

　　美国哈佛大学一位心理学教授指出，一个人在一生当中能否获得成功，智商的高低并不是决定性的因素。许多事实已经证明，不少获得重大成就的人，智商其实并不高。他们的成功，主要靠后天的勤奋努力。爱因斯坦说："天才和勤奋之间，我毫不迟疑地选择勤奋，它几乎是世界上一切成就的催产婆。"这句话，应当成为我们每个年轻人的座右铭。

　　辛勤的劳动是成功的阶梯，勤劳的习惯是成功的动力。那些形成了工作习惯的人总是闲不住，懒惰对他们来说是无法忍受的痛苦。即使由于情势所迫，他们不得不终止自己早已习惯了的工作，他们也会立即去从事其他工作。那些勤劳的人们总是很快就会投入到新的生活方式中去，并用自己勤劳的双手寻找、挖掘出生活中的幸福与快乐。年轻人要享受成功的幸福，首先得有勤劳的习惯来付出你的辛劳汗水，只有这样，你才会收获耕耘的快乐。

>>> 期盼人生丰收，就要勤于播种

亨利和阿尔伯特是同班同学，两个人大学毕业后，恰逢英国经济动荡，都找不到适合自己的工作，便降低了要求，到一家工厂去应聘。

恰好，这家工厂缺少两个打扫卫生的职员，问他们愿不愿意干。亨利略一思索，便下定决心干这份工作，因为他不愿意依靠领取社会救济金生活。

尽管阿尔伯特根本看不起这份工作，但他愿意留下来陪亨利一块儿干一阵子。因此，他上班懒懒散散，每天打扫卫生时敷衍了事。一次，两次，三次，老板认为他刚从学校毕业，缺乏锻炼，再加上恰逢经济动荡，也同情这两个大学生的遭遇，便原谅了他。然而，阿尔伯特内心深处对这份工作抱着很强的抵触情绪，每天都在应付自己的工作。

刚干满了三个月，他便彻底断绝了继续干这份工作的念头，辞了职，又回到社会上，重新开始找工作。当时，社会上到处都在裁员，哪里又有适合他的工作呢？他不得不依靠社会救济金生活。

相反，亨利在工作中，抛弃了自己作为大学生——高等学历拥有者的身份，完全把自己当做一名打扫卫生的清洁工。每天把办公走廊、车间、场地，都打扫得干干净净。半年后，老板便

安排他给一些高级技工当学徒。因为工作积极，认真勤快，一年后，他成为了一名技工。此后的日子中，他依然抱着一种积极的态度，在工作中不断进取，认真负责。两年后，经济动荡的局面稍稍稳定后，他便成为了老板的助理。而阿尔伯特此时才刚刚找到一份工作，是一家工厂的学徒。但是，他认为自己是高等学历拥有者，应该属于白领阶层。

结果，在自己的工作岗位上，仍然把活干得一塌糊涂，终于在某一天又回到街头，继续寻找工作。

许多有抱负的人一心只想一鸣惊人，而不去埋头耕耘做最基础的工作。忽然有一天，他看见比自己工作开始晚的，比自己天资差的人，都已经有了可观的收获，他才惊觉到在自己这片园地上还是一无所有。

这时他才明白，不是上天没有给他机会满足理想或志愿，而是他一心只等待丰收，可是忘了播种。

对自己的现状焦急慨叹是没有用的。要想达到目的，必须从头开始，从基础做起。正如一棵大树，要想茁壮地生长，必须打牢根基。唯有从基本做起，按部就班地朝着目标行进才会慢慢地接近它、达到它。

从基础做起，我们要以务实的态度来对待工作。一个人要想搞懂一门技术最好从底层起步，然后在不断的上升中熟悉整个的运作环境和程序。所以，哪怕我们入行时的起点高，或者比别人有着更高的学历，都不应该以此来炫耀自己的本领，因为对于任何一个踏入新领域的初学者来说，一切都需要从头开始，从零起步。

对于刚踏上工作岗位的新人，在基层中锻炼是最好的磨练方式。一些基本性的工作和事务可以让我们收起好高骛远的雄心，变得脚踏实地。

在基础的工作中，我们的锐气和锋芒被磨掉，取而代之的是更多的耐力和韧劲。在重复的基础工作中，我们明白了责任的重要性，养成了执着、认真的工作态度，也锻炼了自己的能力，获得了成长。

>>> 想比别人优秀，就要比别人更努力

每一个成功者都是非常努力的，成功者有成功的方法，可是成功者一定是努力的。努力是成功的捷径，而且是成功必须付出的代价。要想比别人优秀，你就要比别人更努力。

奈迪·考麦奈西是第一个在奥林匹克体操比赛中获得满分的运动员。他说："我常对自己说，我一定能做得更好。要成为奥林匹克的冠军，你就得有不凡的地方，要比别人更吃得了苦。我不要过普通而平庸的生活，所以给自己确立的生活准则是：'不要想过简单容易的生活，而要追求做一个坚强有实力的人。'"

真正的冠军都明白，不论有多么充分的借口，任何失败都是自己懒惰的后果。"当一个人觉得不满意、不舒服和受折磨的时候，他才会得到最好的磨炼，"另一位金牌选手彼特·维德玛这样说，"每天，我都会把准备在体育馆里完成的项目列出清单，不管要花多少时间，没有把这些项目完成，我绝对不会离开。我每天的生活目标就是这样，只要走出体育馆，我都可以说今天已经尽力了。"

人才是磨炼出来的，人的生命具有无限的韧性和耐力，只要你始终如一地脚踏实地做下去，无论在怎样的处境，都不放松自我，不自暴自弃，你便可以创造出令自己和他人都震惊的成就。

"跬步不休，跛鳖千里"，跛脚的鳖也能走到千里之外，因

它总是不懈地向前走；"佛许众生愿，心坚石也穿"，态度坚决可以穿透顽石，足见心力的神奇。

成功的人永远比一般人做得更多，当一般人放弃的时候，他们总是在寻找如何自我改进的方法，他们总是希望更有活力，产生更大的行动力。

洛克菲勒曾对儿子说："不要总想着去看表，忘掉时间吧。上午9点到下午5点的工作时间不是为了你而定的。商业犹如一场对弈，一场比赛。8小时对于大显身手地干一番事业的人是远远不够的。当我初次踏上推销员之路时，发现我的竞争对手们周末都有不工作的习惯。在星期六，我并没有什么特别重要的事情需要做。那时我还是个单身汉，不会被结婚带来的责任所拖累。那我干些什么呢？打网球吗？不，推销本身就是我的娱乐，就是我的比赛。我决意要成为一个胜者。"

其实许多事情非常简单，一位推销前辈曾说过："世界上最伟大的秘密就是你只要比一般人稍微努力一点，你就会成功。"

>>> 用行动去争取好运气

很多人喜欢空想，把梦想说得天花乱坠，而到了实行的时候，便没有了下文。

有一位美国老太太，她打算从得克萨斯到佛罗里达做个徒步旅行。要知道这个距离相当于从北京到香港的距离，很多人都不相信她能够完成，可是老太太凭借她的毅力成功地完成了旅行。有记者问她是如何办到的，她说："我确定了目标，就一步一步地向前迈，就这样迈到了啊，这没有什么神奇的。"

梦想放在那儿，永远只是梦想，只有你的行动才能让梦想变成现实。哪怕是再远大的梦想，只要你迈出一步，距离梦想就近一步，关键是你要勇敢地迈出第一步。

有梦想很简单，难的是每天都照着梦想去执行，每天都有进步，每天都有收获。

是的，实现梦想的关键就在于这一步一步的行动。很多人因各种各样的原因在抱怨，而不为理想付诸行动。当周围立志当作家的朋友，已经在报纸杂志上发表了若干篇"豆腐块"的时候，当要创业的同学已经开始学习管理了，想出国的同学已经考过托福了……你才发现自己还在原地不动，已经被别人甩掉了一大截了。

"反正这也不是一朝一夕能够完成的事情，何必把自己搞得那么紧张呢？等忙过这段再做也不迟嘛。"当我们一次一次这样想的时候，这个梦想在脑海里就渐渐模糊了。

如果你不能够及时地采取行动，那么梦想不过是空想。成功的秘诀是行动。而督促你很好地运用这个秘诀的方法就是：现在就去做。它也能帮助你抓住宝贵的一刹那，而这一刹那如果你当时错过了，也许预示着你永远都不会再遇到。

如果我们有梦想，就该脚踏实地做我们该做的事情。当你开始行动的时候，或许还不能看见你所追求的东西究竟是什么样子，这时往往会感到困惑，感到目标的遥远，感到跋涉的艰难。但是，只要你毫不犹豫地做下去，坚持不懈地干下去，你就会发现目标在你的眼里越来越清晰。生命的过程就是不断地去追寻、探询。努力过，才不会有遗憾，才可能会成功。

所以，不要犹豫，现在就去做！行动起来，就不会错过每一次成功的机遇。

>>> 让你奔跑得更远的是耐力

下面是著名作家兼战地记者西华·莱德先生的两则故事。

第一个故事：

"第二次世界大战期间，我跟几个人不得不从一架破损的运输机上跳伞逃生，结果迫降在缅印交界处的树林里。当时唯一能做的就是拖着沉重的步伐往印度走，全程长达140英里，且必须在八月的酷热和季风所带来的暴雨侵袭下翻山越岭、长途跋涉。

"才走了一个小时，我一只长筒靴的鞋钉扎了另一只脚，傍晚时双脚都起泡出血，血泡像硬币那般大小。我能一瘸一拐走完140英里吗？别人的情况也差不多，甚至更糟糕。他们能不能走呢？我们以为完蛋了，但是又不能不走。为了在晚上找个地方休息，我们别无选择，只好硬着头皮走完下一英里路。"

第二个故事：

"当我推掉其他工作开始写一本书时，心一直定不下，我差点放弃一直引以为荣的教授尊严，也就是说几乎不想干了，最后我强迫自己只去想下一个段落怎么写，而非下一页，当然更不是下一章。整整六个月的时间，除了一段一段不停地写以外，什么事情也没做，结果居然写成了。

"几年以后，我接了一件每天写一个广播剧本的差事，到目前为止一共写了2 000个剧本。如果当时签一张'写作2 000个剧本'合同，我一定会被这个庞大的数目吓倒，甚至把它推掉，好在只是写一个剧本，接着又写一个，就这样日积月累真的写出这么多了。"

西华·莱德的故事告诉人们，不论做什么事，都要有耐心，有毅力，只有持之以恒，不懈努力，方能登上成功的顶峰。

考察做事的标准不在于你每天做了多少事，而在于你是否能够有耐心地努力做好一件事。衡量成功的标准不在于你走了多少路，而在于你是否能够有毅力地持续走到终点。

>>> 与时间拼搏，踏上成功之路

时间就是一座脆弱的桥梁，我们每迈过一步之后，它就已经变成过去，变成永恒。过去的已经过去，不再属于我们。

生命有它的各个阶段：青年、中年、老年。我们每走过一个阶段，那扇门就在我们的身后关上、锁上了，而门锁则在门的另一边，没有人能够打开。生命的每一个阶段都有只适于这个年龄段的特殊工作，就如同种庄稼，一旦错过了季节，一切劳作都将是白费工夫。

生命不能重复，时间不会倒流。我们没有回头路可走，说过的话无法收回，做过的事无法重做。我们曾经拥有的事物不是被别人剥夺，而是被锁了起来，变成了尘封的历史。

人的一生是有限的，多则百年，少则几十年。如果一个人能活到七十岁，那么，它的全部时间就是六十万个小时。如果把一生的时间当做一个整体运用，那么就是到了三四十岁，会认为现在刚刚是起点，即使五六十岁，还有许多有效时间可以利用。但时间又显得那么容易逝去，如果你只是活一天算一天，到了三四十岁，就会感到人生的道路已走一半了。人过三十不学艺，结果是无所事事地混过晚年。许多本来可以好好利用的时间，白白地消磨过去。

我们中的许多人都是这样，随意把时间浪费掉，那么，虽然他在此时是自由的，但在即将接踵而来的社会竞争面前，却很可能不自由，就会丧失某些原本属于他的机遇。

人在时间中成长，在时间中前进。时间，惟有时间，才能使智力、想象力及知识转化为成果。人的才能得到充分的发挥，尽快踏上成功之路，若没有充分利用时间的能力，不能认识自己的时间，计划自己的时间，管理自己的时间，那只会失败。

时间，是成功者前进的阶梯。任何人想要成就一番事业，都不可能一蹴而就，必须踩着时间的阶梯一级一级攀登。

时间是成功者胜利的筹码。成功要有个定向积累的过程，世界上从来没有不花费时间便唾手可得的成功，时间对于你工作的成功意义是巨大的。歌德曾后悔地说："在许多不属于我本行的事业上浪费了太多的时间，"假如分清主次的话，"我就很可能把最珍贵的金刚石拿到手。"我们再假定，如果歌德活到六七十岁即去世，那他的伟大巨著《浮士德》肯定完成不了。

在当今的社会工作中，竞争日益激烈，时间被看得越来越重要，能否有效地运用时间，提高时间管理的艺术，成为个人能否在竞争中胜出的关键因素。同时由于现代资讯的增加，知识陈旧周期缩短，使人才越来越带有不固定性，有效地对时间进行利用成为需要。每个人应该懂得时间的价值，珍惜时间，高效运用时间。珍视时间，首先要做的就是追赶今天的太阳，追赶今天的每一小时，追赶今天的每一分，追赶今天的每一秒，抢在时间的前头做好每一件事。时间无限，生命有限，在有限的生命里把时间拉长的人就拥有了更多做事情的资本。

>>> 磨炼心志，甘坐"冷板凳"

一个电器公司的职员，在刚进公司时很受老板赏识，但不知怎的，在并没犯什么错误的状况下，他被"冷冻"了起来，整整一年，老板也不与他谈，也不给他重要的工作，从主管的地位变成和小听差差不多。他忍气吞声地过了一年，老板终于召见他，给他升职、加薪，同事们都说他把冷板凳坐热了。

能力再强、境遇再好的人也不可能一辈子一帆风顺，为什么会坐冷板凳呢？这里有很多种原因。

1. 个人能力不足

只能做一些无关紧要的事，还不能胜任担当重要的职位。

2. 老板或上司有意的考验

人要做大事必须有面对挑战的勇气、耐心，还要有身处孤寂的韧性。有时要培养一个人，除了让他做事之外，也要让他无事可做，一方面观察，一方面训练。

3. 人事斗争的影响

只要有人的地方就有斗争，在私人公司，老板也会受到员工斗争的影响，如果你不善于斗争，那么就很有可能莫名其妙地失了势，坐起冷板凳来。人说"时势造英雄"，很多人的崛起是由环境所造成，因为他的个人条件适合当时的环境，可是当时过境迁，英雄便无用武之地，这时候你只好坐冷板凳了。

4. 工作曾经失误

在社会上做事不比在学校，失败也不会怎么样，在社会上做事一旦犯了错误，便会让你的上司和老板对你失去信心，因为他不可能再次用他的资本或职位来冒险，所以只好暂时把你"冷冻"起来。

5. 领导者的个人好恶

这是最不幸的一种情况，因为这没什么道理好说，反正上司或老板突然不喜欢你了，于是你只好坐冷板凳了。

6. 你冒犯了领导

人是感情动物，你在言语或行为上，如果不经意冒犯了领导，你便有坐冷板凳的可能。

坐冷板凳的原因还有很多，无法一一列举，而人一坐上冷板凳一般很少去仔细思考原因何在，只是整天抱怨。不过，与其在冷板凳上自怨自艾，不如调整自己的心态，好好地把冷板凳坐热。比如，强化自己的能力。在不受重用的时候，正是你广泛收集、吸收各种情报的最好时机，能力强化了，当时运一来，便可跃得更高，表现得更亮眼。而在这段坐冷板凳的期间，别人也正好观察你，如果你自暴自弃，那么恐怕要坐到屁股结冰了，恐怕就无翻身的机会了。

不管你坐冷板凳的真正原因是什么，这都是训练自己耐性、磨炼自己心志的机会。冷板凳都坐过了，还有什么好怕的呢？便是在困苦之中，也不要惴惴不安；即便时运不济，也不要郁郁寡欢，风雨过后总会有彩虹。

>>> 从底层起步，从高处起飞

踏入僧多粥少的就业市场，不少求职者想得更多的是："我要获得一个职位，从底层做起，一步一步前进。"这看起来的确很有上进心，但是也很有可能让你的前途蒙上一层阴影，不可预期。你也很有可能在底层摸爬滚打的过程中，渐渐丧失掉最初的希望和热情，从而迷失方向。

从某种程度上说，处在底层，会与一些"小人物"为伍，很难学习到什么东西，而位居高位，则能给自己一个更高的理想。因此，在职位上努力向上攀登十分重要，对长远发展也是意义深远的。登高才能望远。当你提升一个职位，就有机会将周围模糊不清的东西看得清晰了。

小陈毕业后，找了份做助听器代理销售的工作。一开始，小陈就对这份工作感到不满足，不过他还是坚持做了2年时间。终于，他下定决心，一定要改变自己的现状，要成为一名销售经理。后来在他的不懈努力下，目标终于实现了。难得的是，这次成功使他获得了脱颖而出的机会。虽然只升了一级，但对他来说，这一级非常关键。

小陈取得了优异的销售业绩，引起了他所在公司的竞争对手——一家经营助听器的公司经理老韩的注意。有一天，老韩请小陈吃饭，说服小陈加入自己的公司，因为他可以给小陈更高的职位。为了考验小陈的实力，他被派往天津工作3个月。对小陈而言，一切又回到"零"的状态，需要自己一个人重新开始，挑战一份新的工作。他非常努力，表现卓越。没过多久，他便被提升为副总经理。

从小陈的经历中，我们不难看出，在职场中，要想攀登到高的职位，就要从最低的职位开始努力，扎扎实实，一步一个脚印，努力把本职工作做透、做到位。在做本职工作的同时，你的能力也在得到锻炼和提升。当你将最基础的工作做好了，你才可能攀升到更高的职位。而当你升任到更高的职位时，你就站到一个更高的起点上，就会使你在竞争中处于更有利的位置，获得他人难以获得的机会，会攀升得更快。

不论你的能力大小如何，只要你有务实的精神，安心从底层做起，不在乎薪水的高低，不在乎工作的性质，你就完全可以在底层工作中锻炼自己，最终你会一步步地踏上事业的顶峰。

>>> 要舍得给自己的脑袋"投资"

不论立志从事什么，都要明白这样一个道理：成功者一般都"懂得投资自己"，就是把自己收入的一部分，花在资讯搜集或能力开发上面。

我们只要有经济条件，首先应投资于教育。实际上，当你还是一个穷人时，你所拥有的唯一真正的资产就是你的头脑，这是我们所控制的最强有力的工具。当我们逐渐长大时，每个人都要选择向自己的大脑里注入些什么样的知识。你可整天看电视，也可以阅读高尔夫球杂志、上陶艺辅导班或者上财务计划培训班，你可以进行选择。

日本现在的白领阶层中，在工作之余学习各种才艺，上空中大学（广播电视大学）或专科学校取得资格的人，竟多达二十六万人。他们这样进行自我投资，目的是为了提升自己的职位。因为他们知道，一旦你放松了求知的脚步，马上会被人追赶过去。

在当今知识经济的社会里，知识越发凸显出它超常的价值，在知识和信息方面落后于人，很快就会被社会淘汰。社会的发展越来越快，可谓日新月异，知识的更新也越来越快，年轻人若想成为社会的弄潮儿，而不是落伍者，就一定要紧跟时代的步伐，随时把握时代发展的脉搏，及时调整自己，了解自己需要哪些知识来武装自己，并以最快的速度为自己充电。这是当今时代一个年轻人在社会立住脚跟，并取得成功的必不可少的素质。

因为自我投资非常重要，所以在必要的投资上不能舍不得花钱，因为你要想到它给你带来的效益可能远远超过你为它所投入的。现在的年轻人学电脑、学英语、学开车成为时尚，即使一时用不上，但他们明白"知识用时方恨少"的道理，往往在你需要的时候，比如在应聘一个重要职位的时候，才发现现学是来不及的。所以平时就要了解社会发展的动态和趋势，了解什么是当前社会中最有用的知识，就要尽快地去掌握它。这样机会到来时，你才会发现你比别人有更大的筹码和胜算。

在任何一项投资中，没有比给你的脑袋"投资"使你更受益的了。

当你月收入上千元的时候，你就可以想办法把自己所赚的10%的钱都拿去学习。你收入不够，就表示你懂得不够，表示你学得不够，表示你行动的次数还不够。当你收入增加的时候，你就应该继续把这些收入的一部分做再次的投资，以使你下一次可以赚更多的钱。

很多人愿意花几千元买一套衣服，愿意花好几百元去唱KTV，愿意去吃大餐。然而，做这些事情会增加你的收入吗？不会。有时候也许你要休闲，也许你需要满足自己的欲望，或是让自己感觉到很帅或很漂亮，这些都不错，但如果你要给自己"投资"，那世界上最佳的"投资"之处，就是你自己的脑袋。

那些让我们羡慕的成功人士不是因为比我们聪明，而是因为他们通常会不断给自己的头脑进行一些"投资"，来帮助自己继续成功，这种做法效果非常好，速度非常快。

>>> 任何时候都不停止学习

知识就是力量，学习改变命运。

无论对于个人和集体，重视学习都是最为重要的。没有勤奋好学之心，个人不能进步；没有好学的氛围，组织的发展也停滞不前。20世纪70年代名列《财富》杂志世界500强排行榜的大企业，有三分之一已经销声匿迹了，这些被淘汰的企业和企业领导者面临的困境或许大不相同，然而他们大都有一项失误，那就是忽略了学习的重要性。

在21世纪的今天，人类知识的积累和增长与科技文明的进步，已经到了日新月异的地步。任何一个人如果仅靠学校阶段的学习或年轻时候所学得的智能，来面对瞬息万变的未来社会竞争及个人生涯发展的需求，是注定要失败的。

因而，要使我们的思想适应新情况，就要学习，一旦学习停滞了，适应就停滞了。适应新时期的生存方式，就是不断学习甚至终身学习。只有做到终身学习的人，才能不断获得新信息、新机遇，才能不断获得高能力、高素质，才能够不停顿地走向成功。

如果你不能与时俱进，不断地通过勤奋学习充实自己，提高自己的能力，那你就会落伍，就会被时代淘汰。这个充满竞争的社会，谁的学习能力强谁就能在同等条件下赶在竞争对手前面，成为第一赢家。

只有不断地学习，增加知识的养分，你才能充实你自己，迎接各种挑战。要多读书，一边读书，一边思考，让自己的大脑活跃起来。这里读的书包括很多，不是简单的专业知识、技术技能的书籍，而是多方面的书籍。你可以多读一些文学作品，因为文学是一种让人变得高雅、变得充实、变得聪明、变得有情趣的精神作品。也可以用前人的经验来充实自己，先学习前人，而后发展前人。

天赋可以作为一个人优于他人的资本，而后天的学习能让一个人弥补不足，提升自己，在其他领域有建树，从而在不同的岗位创造不同的奇迹。学习让一个人由无知变得智慧，让社会从愚昧走向进步。每个人要想成大事业，必须具备相关的知识，而学习的过程就是获得知识、充实自己的过程。学习的重要性远远大于天资等先天条件，勤能补拙，倘若我们能够认识到学习的重要性，重视学习，那么你就比别人懂得更多，做得更好。

任何时候都不要停止学习，要树立终身学习的观念。不断学习各种知识，不断丰富自己的知识结构，不断提升自己的行业经验，你就能拥有别人所没有的优势，你就能站在比别人更高的起点，在成功的跑道上遥遥领先于他人。

>>> 每天努力一点点，每天进步一点点

成功就是：每天进步一点点。

成功来源于诸多要素的集合叠加，比如，每天笑容比昨天多一点点；每天走路比昨天精神一点点，每天行动比昨天多一点点，每天效率比昨天高一点点；每天方法比昨天的多找一点点……正如数学中$50\%×50\%×50\%=12.5\%$，而$60\%×60\%×60\%=21.6\%$，每个乘项只增加了0.1，而结果却几乎成倍增长，每天进步一点点，假以时日，我们的明天与昨天相比将会有天壤之别。

法国有一个童话故事中有一道脑筋急转弯的智力题：荷塘里有一片落叶，他每天会增长一倍，假使30天会长满整个荷塘，问第28天，荷塘里有多少荷叶？答案要从后往前推，即有四分之一荷塘的荷叶，这时，你站在荷塘的对岸，你会发现荷叶是那么的少，似乎只有那么一点点，但是第29天就会占满一半，第30天就会长满整个池塘。

正像荷叶长满荷塘的整个过程，荷叶每天变化的速度都是一样的，可是前面花了漫长的28天，我们能看到的荷叶都是只有那一个小小的角落。在追求成功的过程中，即使我们每天都在进步，然而，前面那漫长的28天因无法让人享受到结果，常常令人难以忍受，人们常常只对第29天的希望与第30天的结果感兴趣，

却因不愿忍受漫长的成功过程而在第28天放弃。每天进步一点点，它具有无穷的威力，只是需要我们有足够的耐力，坚持到第28天以后。每天进步一点点是简单的，就是要你始终保持强烈的进取心。一个人，如果每天都能进步一点点，哪怕1%的进步，试想有什么能阻挡得了他最终到达成功？

让自己每天进步1%，只要你每天进步1%，你就不用担心自己不快速成长。

在每晚临睡前，不妨自我分析：今天我学到了什么？我有什么做错的事？今天我有什么做对的事？假如明天要得到我要的结果，有哪些错不能再犯？

反问完这些问题，你就比昨天进步了1%。无止境的进步，就是你人生不断卓越的基础。

你在人生中的各方面也应该照这个方法做，持续不断地每天进步1%，一年便进步了365%，长期下来，你一定会有一个高品质的人生。

不用一次大幅度的进步，一点点就够了。不要小看这一点点，每天小小的改变，会有大大的不同，很多人·生当中，连一点进步都不一定做得到。人生的差别就在这一点点之间，如果你每天比别人差一点点，几年下来，就会差一大截。如果你将这个信念用于自我成长上，100%地会有180°的大转变，除非你不去做。

每次一点点的放大，最终会带来一场"翻天覆地"的变化。

Part5

不是怀才不遇，是你还不够努力

　　那些职务上不去、得不到提拔，喜欢抱怨运气不好的人，众口一词就是不会拉关系，朝中无人没后台，没有人认为自己的能力素质不够，而总是认为自己怀才不遇。

　　如果你不付出努力，就别抱怨现实不给你机会。不要埋怨环境与条件，应努力改变和完善自己，亮出你的实力，干出你的成绩，你就能赢得社会承认。有真才实学，又何愁不能"遇"？是金子总会发光的！

>>> 怀才不遇终究是因为自己

A和B几乎同时离开同一所大学，而且也是几乎同时进入同一家企业的同一个项目组。在最初的两年中，别人看来他们几乎没什么区别，但是项目组的其他成员和上司却早已清楚A与B的不同工作和处世风格。A是一个乐观积极的人，他总是在遇到困难时积极寻求解决的办法；而B很聪明冷静，善于预见问题并在问题出现后说明与自己无关。几年的工作中他们一直是同学、朋友和搭档，但几年后，A是越挫越勇，而且也在这个过程中积累了丰富的经验，同事和上司都很看好他；B则养成了知难而退的习惯，总是得意于自己的小聪明，但也因此受到上司的批评，同事们也不喜欢他，从未能独当一面，在生活上也不如意。

为什么在相同的条件下，A伴随着困难迅速成长起来，而B则面临被淘汰出局的危险呢？相同的教育背景、相同的企业环境、相似的成长历程，由于个体的不同，他们之间产生了相当惊人的差距。由此看来，个体的不同是造成这种差异的根本原因。这其中起主导作用的并不是个人的才华，而是每个人对待工作和生活的不同态度。

不可否认，也许有的人确实会因为环境或者其他的原因，而暂时不能得到施展才华的舞台，但这并不是就可以大发牢骚，怨天尤人，感叹"怀才不遇"的理由。

作为职场中人，如果觉得自己真是怀才不遇，那么不是别的问题，根本问题还是在自己。自己的问题一般有以下四点：

一是才艺不足够精，即才的成色不足。不患别人不知己，就患技不如人。自认为自己才华出众，才高八斗，其实还差得远，真要给些实际问题，还真解决不了。许多出校门不久的学生常会碰见这样的问题，总认为领导不重视自己，很想一展身手，然而一旦组织交给一些任务时就会出现两种情况：第一是手足无措，不知道该如何干；第二是盲目认为该怎么干，结果一干就错。

二是影响才能发挥的要素不具备。大致有三方面：第一，德不足。"德，才之资也"，德是才的资本，厚德方能载物，如果只有才而缺德，是很难发挥出优势的。第二，人际关系紧张，导致让自己才能发挥作用的成本非常高。第三，自己与环境文化不能融合，导致自己与组织不合拍。与组织文化对抗，失败的肯定是自己，这不仅仅是能力发挥大小的问题，而是自己能否适应和生存下来的问题。第四，身体健康的原因。

三是自己不能与时俱进。这个时代变化太快了，知识更新和技术更新都非常快，一个人自己过去掌握的熟练技能很可能转眼之间就无用武之地了，而自己还浑然不觉，还到处炫耀自己的才技，还酸腐地自称怀才不遇。因此作为职场中人，学习是非常必要的，只有持续性地学习新知识、掌握新技能，才能永葆自己的才华青春。

>>> 只要是真才，何愁不能"遇"

在职场上，时常听到有人抱怨怀才不遇。可是细细想来，究竟有几个人确实是怀才不遇呢？在抱怨怀才不遇的同时，你自己是否真的怀"才"呢？很多时候，不是怀才不遇，而是你还不够努力，还需要进一步完善自己。

维斯卡亚公司是美国20世纪80年代最为著名的机械制造公司，其产品销往全世界，并代表着当今重型机械制造业的最高水平。许多人毕业后到该公司求职遭拒绝，原因很简单，该公司的高技术人员爆满，不再需要各种高技术人才。但是令人垂涎的待遇和足以自豪、炫耀的地位仍然向那些有志的求职者闪烁着诱人的光环。

詹姆斯和许多人的命运一样，在该公司每年一次的用人测试会上被拒绝申请，其实这时的用人测试会已经是徒有虚名了。詹姆斯并没有死心，他发誓一定要进入维斯卡亚公司。于是他采取了一个特殊的策略——假装自己一无所长。

他先找到公司人事部，提出为该公司无偿提供劳动力，请求公司分派给他任何工作，他都不计任何报酬来完成。公司起初觉得这简直不可思议，但考虑到不用任何花费，也用不着操心，于是便分派他去打扫车间里的废铁屑。

一年来，詹姆斯勤勤恳恳地重复着这种简单但是劳累的工作。为了糊口，下班后他还要去酒吧打工。这样虽然得到老板及工人们的好感，但是仍然没有一个人提到录用他的问题。

1990年年初，公司的许多订单纷纷被退回，理由均是产品质量有问题，为此公司将蒙受巨大的损失。公司董事会为了挽救颓势，紧急召开会议商议解决，当会议进行一大半却尚未见眉目时，詹姆斯闯入会议室，提出要直接见总经理。在会上，詹姆斯把对这一问题出现的原因作了令人信服的解释，并且就工程技术上的问题提出了自己的看法，随后拿出了自己对产品的改造设计图。这个设计非常先进，恰到好处地保留了原来机械的优点，同时克服了已出现的弊病。

总经理及董事会的董事见到这个编外清洁工如此精明在行，便询问他的背景以及现状。詹姆斯面对公司的最高决策者们，将自己的意图和盘托出，经董事会举手表决，詹姆斯当即被聘为公司负责生产技术问题的副总经理。

原来，詹姆斯在做清扫工时，利用清扫工到处走动的特点，细心察看了整个公司各部门的生产情况，并一一作了详细记录，发现了所存在的技术性问题并想出解决的办法。为此，他花了近1年的时间搞设计，做了大量的统计，为最后一展雄姿奠定了基础。

詹姆斯不愧是一个聪明人，他知道："是金子总会发光的"。他在推销自己的过程中能够不争一时的先后，才华不外露，锋芒内敛；他目光远大，为自己的发展准备了充分的条件，因此最终获得了成功。

这给我们的启示是：一个人首先要有真正的"才"，方能让人"遇"；要想卓尔不群，必须具备鹤立鸡群的资本。

在现实社会中，除非是个别专才没有用对地方，才造成真正意义上的"怀才不遇"，大多数人感慨的"怀才不遇"，其实更多是一种自我陶醉罢了。正确的态度是：适应公司，而不是让公司适应你；适应工作，而不是让工作适应你；适应同事，而不是让同事适应你。与其整天苦诉怀才不遇，没完没了地抱怨，不如完善自己，以适应环境。

>>> 是金子总会发光的

　　似乎每个公司里都有那么几个"怀才不遇"的人，这种人有的真的是怀才不遇，因为客观环境无法配合，但为了生活，又不得不屈就，所以痛苦不堪。虽然有时千里马无缘遇到伯乐，但这种情况大部分都是自己造成的。自以为有才华的人常自视过高，看不起能力、学历比他低的人，可是社会上的事很复杂，并不是你有才能就可以得其所。

　　而另外一种"怀才不遇"的人根本是自我膨胀的庸才，他之所以无法受到重用，是因为他的无能，而不是别人的嫉妒。但他并没有认识到这个事实，反而认为自己怀才不遇，到处发牢骚，吐苦水。结果"怀才不遇"感觉越强烈的人，越会把自己孤立在小圈子里，无法融入到其他人的圈子中。结果有的辞职，有的外调，干的还是小职员，有的则还在原单位继续"怀才不遇"下去。

　　大多数时候，我们会看高自己的能力，同时也容易把别人看得很低，也就是我们习惯用自己的优点去对比别人的缺点。一旦有了这样的心态，在公司就很难融入集体，总是觉得别人不如自己，觉得别人过于庸俗。

　　老子说：海纳百川，有容乃大。即使你真的是能力高于别人，在现代社会如果学不会协作，那也是成不了大气候的，何况，这世上真正被人们称为天才的智者本就不多，我们自己的怀才不遇更多的只是一种错觉吧。有了这种错觉，就不愿意踏踏实实地做小事，"敬业"两字，自然也就不会放在眼里。一个不敬业，不在意与人协作的人，又怎么可能会被委以重任？这样的人又怎么可能不会怀才不遇？

是金子就会发光的，才华是不可能被埋没的。那些感叹怀才不遇的人，往往都缺乏积极的生活态度，世间有伯乐，你就是自己的伯乐。

"怀才不遇"只是一种消极的工作态度，这种态度对工作有百害而无一利。机会总是留给有准备的人，树立自己的职场地位归根结底还是要靠真实力，何不把这当作努力的动力，积极地做好准备，一旦机会降临，你就可以马上大有作为。

>>> 一抱怨，幸运就溜走了

爱默生说："一心朝自己目标前进的人，整个世界都会给他让路。"同样，我们一心朝着自己的目标努力，又有谁能妨碍我们的上升呢？记住，不抱怨是强者的生存哲学：成功者永不抱怨，抱怨者永不成功。

索尼公司创始人盛田昭夫曾经说过这么一个故事：

东京帝国大学的毕业生在索尼公司一直非常受欢迎。有个叫大贺典雄的帝国大学高材生，是一位有才华的青年。他加入索尼公司之后曾多次与盛田昭夫争论，盛田昭夫喜欢这个直言无忌的年轻人，非常器重他。出人意料的是，后来盛田昭夫居然把大贺典雄下放到了生产一线，给一位普通工人当学徒。这让很多员工迷惑不解，甚至怀疑他得罪了盛田昭夫。有人为大贺典雄感到不平，但大贺典雄只是淡淡一笑。

1年后，更让人大跌眼镜的事情发生了，还是学徒工的大贺典雄居然被直接提拔为专业产品总经理，员工们百思不得其解。

在一次员工大会上，盛田昭夫为大家揭开了谜团："要担任产品总经理，必须对产品有清楚的了解，这就是我要把大贺典雄下放到基层的原因。让我高兴的是，大贺典雄在他的岗位上干得不错。然而，让我坚定提拔念头的是整整1年，他在又累又脏的工作环境下居然没有任何牢骚和抱怨，而且甘之若饴"。

人们终于明白了其中的原因，不由报以热烈的掌声。5年后，也就是在34岁那年，大贺典雄成为了公司董事会的一员，这在因循守旧的日本企业，简直是前所未闻的奇迹。

如果一个人对自己目前的环境不满意，唯一的办法，是让自己战胜环境、超越环境。奥地利小说家茨威格说过："机会看见抱怨者就会远远避开。"喜欢抱怨的人在这个遵循强者法则的世界中，是没有立足之地的。

第二次世界大战著名将领巴顿将军在他的回忆录《我所知道的第二次世界大战》中讲述了这样一个故事：

"我要提拔军官的时候，常常把所有符合条件的候选人集合到一起，让他们完成一个任务。我说：伙计们，你们要在仓库后面挖一条战壕，8英尺长，3英尺宽，6英寸深。说完就宣布解散。我走进仓库，通过窗户观察他们。

"我看到军官们把锹和镐都放到仓库后面的地上，开始议论我为什么要他们挖这么浅的战壕。有的人抱怨说：6英寸还不够当火炮掩体。还有一些人抱怨说：我们是军官，这样的体力活应该是普通士兵的事。最后，有个人大声说：我们把战壕挖好后离开这里，那个老家伙想用它干什么，随他去吧。"

最后，巴顿写道："那个家伙得到了提拔，我必须挑选不抱怨就能完成任务的人。"

抱怨会限制你的思维，让你的视野变得"近视"，把自己局限在抱怨本身上，而不是努力地去适应变化，解决问题。如果你能像大贺典雄一样脚踏实地地工作，从不抱怨，那么你将取得辉煌的成绩。

>>> 抱怨怀才不遇，就会被炒"鱿鱼"

在工作中，那些喜欢抱怨的人，即使才华横溢，也难以有真正的成功。因为在职场中，抱怨是最没有价值的行动。一个人的前程也往往容易被习惯性的抱怨"毁掉"。

塞姆和威欧是大学同学，两人一起进入大都会保险公司工作，从最基础的保险业务员做起。2个月之后，因为工作老打不开局面，塞姆就开始抱怨，今天抱怨工作太难，明天抱怨推销保险没有前途，后天抱怨待遇太低，因此，他整天懒懒散散，工作敷衍了事。结果，刚干满3个月，他便彻底断绝了继续干这份工作的念头，辞了职重新开始找工作。而威欧却在工作中勤勤恳恳，认真做好自己的每一项工作。因为工作积极，业绩出众，1年后，他成了亚特兰大区的金牌推销员。尽管如此，他依然抱着一种积极的态度，在工作中不断进取，认真负责。2年后，他晋升为分公司的市场总监。

一天，威欧代表企业去招聘会招人，意外地碰见了塞姆，不同的是，塞姆是去找工作的。原来，他从这家企业出去后，因为找不到满意的工作，一直处于"辞职、找工作"的状态中。

有职业研究机构从大量的职业咨询案例中发现，至少有一半以上职业出现问题的来访者都会习惯性地抱怨，由抱怨而直接引发跳槽的占38%。这些抱怨体现在方方面面，抱怨老板用人不公、抱怨上级对自己苛刻、抱怨工资水平太低、抱怨同事不好合作、抱怨客户不好应付。总之，工作一无是处。

那么，面对爱抱怨的员工，一般的管理者持有怎么样的态度呢？在现实生活中，管理者对爱抱怨的下属，最直接、最惯用的方法就是——想办法辞退他！

有位节能工程师在业界小有名气，他自己也很喜欢这份工作，但公司还处在发展初期，管理方面有些不尽如人意。习惯于有条不紊的工程师忍受不了这种状况，他开始抱怨，并养成了习惯。有同事好心相劝，让他少发点牢骚，但他依旧我行我素。直到有一天正在抱怨时，老板严肃地告诉他："你觉得公司不好，明天就不要来了。现在请到人事部门办理离职手续去吧。"这位工程师满脸愕然。

抱怨是被迫跳槽和被辞退的直接诱因。抱怨让人们失去工作的动力，抱怨让人们心态消极、应付了事，导致业绩出不来，还影响团队的士气。如果问那些卓越的管理者，在他的团队中最不喜欢听到的是什么，他很可能会不假思索地告诉你是"抱怨"。面对喜欢抱怨的员工，一旦有人可以替代他，管理者就会毫不犹豫地炒了他的"鱿鱼"。

简而言之，抱怨，让你厌倦企业，同时也让企业厌烦你。对此，专家有如下建议。

1. 首先做到不抱怨

抱怨永远解决不了问题，反而会把事情弄得更加糟糕。

2. 把抱怨转化为建设性的意见

抱怨的人其实心中早已有了对某些事情的看法或解决方法，

可能是不被重视或自身不够主动，所以只能抱怨。如果把自己的想法从老板的角度加以考虑，并且以老板能够接受的方式主动提出，就有可能受到他的欢迎和认可。

3. 从自身寻找原因

对于人际关系紧张、工作疲劳、工作压力大、得不到信任等原因引起的抱怨，可先从自己身上寻找原因。看看自己是不是工作方法上有待改进，或者是沟通能力有待提高等。

>>> 抱怨时提醒自己：我够努力吗

当我们羡慕别人坐拥巨富享受高品质生活时；当我们妒忌别人拿着高薪坐着高位时；当我们看到机会总是让别人遇到时，我们也许会抱怨世界真不公平。但是，当我们抱怨不公平时，是否反省过："我够努力了吗？"

张永顺是一家汽车修理厂的修理工，从进厂的第一天起，他就开始喋喋不休地抱怨，什么"修理这活太脏了，瞧瞧我身上弄的"，什么"真累呀，我简直讨厌死这份工作了"，什么"你看小强光收个费多好啊"……每天张永顺都是在抱怨和不满的情绪中度过。他认为自己是在受煎熬，在像奴隶一样卖苦力。因此，他每时每刻都窥视着师傅的眼神与行动，稍有空隙，他便偷懒耍滑，应付手中的工作。

转眼几年过去了，当时与张永顺一同进厂的三个工友，各自凭着精湛的手艺，或另谋高就，或被公司送进大学进修，唯独他仍旧在抱怨声中做他讨厌的修理工。

从这个小例子中不难看出，一个人一旦被抱怨束缚，不尽心尽力，应付工作，只能让自己过得很累，抱怨越多，就越累得难受。

为什么抱怨的人会说生活这么累，因为他只看到了自己的付出，而没有看到自己的所得，而不抱怨的人即使真的很累，也不会埋怨生活，因为他知道，失与得总是同在、成正比的，一想到自己获得了那么多，真是高兴啊。

没有一种生活是完美的，也没有一种生活会让一个人完全满意，我们做不到从不抱怨，但我们应该让自己少一些抱怨，而多一些积极的心态去努力进取。

在日常工作和生活中，我们可以随处找到时常抱怨的人。抱怨自己的专业不好，抱怨住处很差，抱怨没有一个好爸爸，抱怨工作差、工资少，抱怨空怀一身绝技没人赏识你。其实，现实有太多的不如意，就算生活给你的是垃圾，你同样能把垃圾踩在脚底下，登上世界之巅。

如果你想抱怨，生活中一切都会成为你抱怨的对象；如果你不抱怨，生活中的一切都不会让你抱怨。不努力的人，经常抱怨世界的不公平，因为机会和幸运经常被别人抓住了。努力的人，也知道世界是不公平的，但他们不去抱怨，而是通过付出超人的努力，让自己把握住稍纵即逝的机会和幸运。

>>> 拼搏职场要靠实力说话

两个同龄人同时受雇于一家零售店铺，并且拿着同样的薪水。做了一段时间之后，名叫荷太的小伙子青云直上，而那个叫泰常的却仍然在原地踏步。

泰常很不满意老板的不公正待遇，终于有一天忍不住跑到老板那儿发牢骚。老板一边耐心地听着他的抱怨，一边在心里盘算着怎样向他解释他和荷太之间的差别。

"泰常，"老板开口说话了，"你到集市上去一下，看看今天早上都有什么货？"泰常从集市上回来向老板汇报说："今天集市上只有一个农民拉了一车土豆在卖。""有多少？"老板问。泰常赶快又跑到集市上，然后回来告诉老板一共有40袋土豆。"价格是多少？"泰常又第三次跑到集市上问了价格。"好吧，"老板对他说，"现在请你坐到这把椅子上，一句话也不要说，看看别人是怎么做的。"

荷太很快从集市上回来了，并汇报说："到现在为止只有一个农民在卖土豆，一共40袋，价格是每斤0.75元，质量很不错。"他还带回来一个让老板看看。

经理觉得这些土豆确实不错，说可以进一些货。荷太又对经理说，那个人一会儿还要运10筐西红柿来，只是价格还没有谈妥，所以他把那个人带来了，好让经理与他商量一下价格，此时那个人正在门外等候。经理对荷太的做法非常满意。

同样是办一件事，泰常分几次去做，而荷太一次做到位，而且还带来了样品和信息，这就是两个人能力的差别。

此时老板转向了泰常说："你现在肯定知道为什么荷太的工资比你高了吧？"

现实很实际也很残酷，你行就行，不行就得靠边站，现实的职场只认实力。在社会竞争越来越激烈的今天，职场竞争归根结底就是实力的竞争，是英雄还是狗熊，是骡子还是马，最终要靠实力来证实。

>>> 打造个人品牌，做职场常青树

如今的职场越来越关注"职业质量"。在跳槽成为习惯的年代，你不会永远属于一家单位和一个职位，裁员风暴很可能席卷而过。那么，如何稳坐"钓鱼台"，成为职场中的"不倒翁"，答案只有一个：建立有"职业质量"的个人品牌。因为职场就是战场，"含金量"决定着品牌度。

21世纪是品牌时代，管理学家指出，在职场中应尽快建立起自己的品牌，从而成为能让老板和同事记住的人，说到你，能让人马上想到你许多与众不同的优点，比如你的业务能力、你为人的亲和力等。这个时代充满了选择的自由，如果在职场中具有了自己的个人品牌，就会有更多选择的机会和更多向上发展的机遇。

个人品牌就是个人在特定工作中显示出的独特的、不同一般的价值。一个人业务能力的高质量和个人的人格魅力是品牌的基本特征。此外，个人品牌具有稳定性和可靠性，稳定性是指个人能力的相对稳定，也就是你的做事态度和个人能力都是有保证的，也一定能给企业带来效益；可靠性则是指一个人的美誉度，也就是企业使用你绝对可以放心和信任，放手让你独立工作。

小刘就职的公司已多次裁员，但他却"岿然不动"，因为他不但学历高，技能好，为人也很好，用老板的话讲是"忠诚度高，'经久耐用'"。可见，个人品牌的最基本特征是"质量保障"，这一点跟产品品牌一样。它体现在两方面：一方面是个人业务技能上的高质量；另一方面是人品质量。也就是说，既要有才更要有德。

付先生开了一家律师事务所，常常门庭若市，原因是一贯仗义执言的付先生在律师界内外的口碑都相当不错，"打官司，找付先生"已成为许多人的默认"主页"。付先生可以说是成功塑造个人职业品牌的一个典型例子。品牌不是自封的，而是被大家所公认的，个人一旦形成品牌后，他跟职场的关系就会发生根本性变化。像一个企业一样，个人一旦建立了品牌，工作就会事半功倍。

对于个人来说，品牌是他的职业发展助推器，借助它你可以更快地得到升迁、平步青云。事实上，升迁路上的竞争某种程度上就是个人的品牌之争，最终胜出的必定是拥有良好个人品牌的候选人。

那么怎样建立自己的个人品牌呢？可从以下几个方面入手。

1. 要进行"品牌定位"

大公司创造品牌的标准方法是"特色——利益"模式，公司思考它所提供的产品或服务的特色，能为客户或是顾客带去哪些特殊的利益。这套方法同样可以运用在个人品牌的建立上。想一想，你的特色——利益模式是什么？

2. 打造精湛的专业技能

较强的工作技能是个人品牌的核心内容。精深的专业技能是个人品牌建立的重要元素。如何将自己的技能和工作的风格形成一个特色，具备不可替代的价值，是建立个人品牌的关键。

3. 持续地学习

个人品牌有个积累和培养的过程，初入职场，个人没有品牌而言，只有在工作中，以自己的努力和特有价值获得认可才能被业界认同。在这个过程中，你要不断地学习新知识，补充新内容。

建立个人品牌对于自我价值的实现尤为重要，其成功的概率也远远大于那些缺少个人品牌的人才。个人品牌一旦形成后，就具有了一定的品牌价值。以前也许是你去找用人单位，而现在也许是用人单位冲着你的品牌找你。个人发展的选择机会增加了，个人的品牌价值也随之提高。

>>> 努力抱怨，不如努力改变

有一部分人，明明自己能力不够，却总是抱怨发脾气，埋怨世界不给他机会，可是当真的机会来临的时候，你真的准备好了吗？真的可以抓住这个上天给你的机遇吗？

如果你也是"他们"中的一分子，那么你需要静下心来，花点时间思考和梳理自己的现状，在机会没有来临之前，除了努力提升自己，改变自己，没有别的什么好的办法。

人生的征程，最糟糕的境遇往往不是贫困，不是厄运，而是精神和心境处于一种无知无觉的茫然状态，既不愿意去努力改变生活，也不想去提升自己。也许你在心里说："我又能怎么样呢？我底子不好，学也学不进去，付出再多的努力也是浪费。就算我现在真的去努力提升自己，也太晚了，我现在都多大了？而且现实生活实在太困难了，我也没有时间去做这些没有意义的事，学习就已经是一个难题，就算克服掉了，还要兼顾家庭，甚至可能因为这样引发家庭矛盾，更多的难题相继而来，怎么办？"

其实这都是给自己找借口，这些都不是重要的，重要的是要努力改变自己，改变现状。不要再发牢骚了，也别幻想有什么突如其来的机遇了，这些都不现实。你若真的希望有所改变，先从改变自己开始，只有你变得更好，你才能得到更好的待遇。如果你做不到，那么你就要学习接受现在不满的人生。因为一切让你不满的生活，都是与你的能力相匹配的，属于你的这个世界，或许不是最完美的，却是你唯一能得到的。如果你希望自己的人生更好，那么，打起精神来，从现在这一刻开始，为自己变得更加美好，做出努力吧。

或许第一步，只是需要你开始为自己选定一个适合的目标，比如：学英语、通过专业资格认证，甚至只是做好本职的工作，等等，这些看起来似乎并不是太遥远不是吗？

只要你愿意为了这个目标每天抽出一两个小时的时间，想学英语你就背单词，想通过专业资格认证就努力学习……你很快会发现，自己变得更加美好，而生活也会因为你的改变而起了变化。比如，学好英语可以在升职面试时多一项漂亮的技能。

所有的改变都是从自我做起，从一点小事开始，从现在的一刻开始努力去做！面对困境与挑战，更要努力进取，而不是怨天尤人，发牢骚发脾气，永远记住——当你变成更美好的自己，才能改变属于你的世界！

>>> 有"才美"不妨"外现"

这是一个日趋多元化的社会。社会分工越来越细，专业化的程度日益提高，各个领域间的界限非常清晰。对于隔行如隔山这句话，人们体会更加深刻了。但是社会的发展又需要各个专业和领域的协同和沟通。沟通是现代社会的首要法则。怎么样让别人更快地接受和认同你呢？你必须用最简洁的语言，以最有利的方式，在最恰当的时机表现自己，内容是最主要的。

传统的中国人一向信奉"酒香不怕巷子深"，只注意自己的内在品质，而不大注意自己的外在表现。而在21世纪的今天，媒体日益发达，社会交往日益频繁，人际关系日益复杂。随着我们的事业受他人影响越来越深，树立和宣扬自己的公众形象、推销自己，将会越来越重要。

张艺谋报考北京电影学院时已经27岁了，而学校规定招生的最高年龄是22岁，制度无情，"年龄"一项把张艺谋阻拦在门外，他多方奔走，终无结果。

他失望了，但他没有绝望，他要创造自己的命运。当时国内提倡"伯乐精神"，强调各级领导要重视和认真对待来自基层的各种意见和要求。他从一位朋友那里得到建议，给文化部长黄镇写了一封言辞恳切的信，还附了几张能代表自己摄影水平的作品。

黄镇看到信后认为张艺谋是个难得的人才，遂写信给电影学院，并派秘书前往游说，终于使电影学院破格录取了张艺谋。

我们身处困境不能解脱，关在屋子里生闷气总不会有任何好处。积极寻求出路，适时地表现自己，毛遂自荐，才不会使仅存的一丝希望破灭。

自我表现就像是戏剧高潮中的精彩表演一样，让人一看便被明星风采迷住了。有的人虽然腹有诗书，胸藏大志，但是由于缺乏表现力，缺乏脱颖而出的勇气，最终才能被埋没，等到年纪老迈时才后悔，可此时已是"廉颇老矣"。像汉代的将军李广一样，虽然很有才干，可是一直没有得到朝廷的赏识和重用，给后人留下"冯唐易老，李广难封"的抱憾之语。

这个社会人才辈出，竞争激烈，要想成为一个成功者，只有毛遂自荐，抓住时机，主动"才美外现"，才能赢来与众不同的精彩人生；否则，只能让"羞答答的玫瑰静悄悄地开"，最终在"怀才不遇"的慨叹声中凋谢。

Part6

想过 1% 的生活，
就要放弃 99% 的平庸

我们每一个人，出生时代、成长背景、教育程度、学历知识、人脉关系都不一样。这注定了我们其中一部分人从迈入社会的第一天起，就处在一个较低的起点和不如意的环境，从事着平凡的职业。

平凡并不等于平庸。一个人可以平凡，但绝不能平庸。如果想过 1% 的生活，就要放弃 99% 的平庸。不甘平庸，就要努力行动，平凡之中也能创造出伟大。

>>> 是谁在导演平庸的悲剧

有这样一个实验。

一个长跑运动员参加一个5人小组的比赛，赛前教练对他说，"据我了解，其他4个人的实力并不如你"。于是，这个运动员轻松地跑了个第一名。后来，教练又让他参加了另外一个10人小组的比赛，教练把其他人平时的成绩拿给他看，他发现别人的成绩并不如自己，他又轻松跑了个第一名。再后来，这个运动员又参加了20人小组的比赛，教练说，"你只要战胜其中的一个人，你就会胜利"。结果，在比赛中，他紧跟着教练说的那个运动员，并在最后冲刺时，又取得了第一名。

后来，换了一个地方比赛。赛前，关于其他运动员的情况，教练并没有和他沟通过。在5人小组的比赛中，他勉强拿了个第一名；后来在10人小组的比赛中，他滑到了第二名；在20人的比赛中，他的成绩就更惨了。而实际的情况是，这次各个组的其他参赛运动员与第一次的水平完全相同。

这让人想起学生时代的故事来了。当我们怀着欣喜和好奇的心情，背上书包上学堂时，都认为自己是班里的佼佼者，觉得第一非自己莫属。小学毕业后，升入初中，便感觉在人才济济的班里，自己能考前10名就不错了，于是一旦位居前10名，便会沾沾自喜。高中，尤其是上了重点高中，给自己定的目标更低，往往自我安慰：高手如云，我能考进来已经不错了，自己考试排名能在前20名内就很棒了！

就这样，我们一步步从优秀滑入了平庸。于是面对着周围越来越多的人，我们或者无所适从，或者妄自菲薄，主动地把自己"安排"到一个较低的位置上。将自己从事的工作，主动下放到社会最低层。这也许是前进的路上许多人都要走的一条路。成就一个优秀人才的关键在于拥有持久的自信力。即使你曾经是一块闪闪发光的金子，但缺乏自信心，就会让你安然褪色为破铜烂铁，甚至甘心堕落为一粒沙子，长久地淹没在沙土里，不被人识别。

我们原本是优秀的。只不过我们在生活中学会了安于现状，不愿意多努力，从而一步一步把我们从优秀的高地上拉下来，一直拉到了平庸的位置上。

平庸，是人生的一场灾难，也是人生的悲剧。只是，更多的时候，是我们自己，为自己导演了这场灾难和悲剧。

>>> 没有人平庸，只有人不努力

在现实生活中，存在着两种人：一种人安于平凡的生活，却做着不平凡的努力；另一种人不安于平凡，却因为放弃了努力，而过着平庸的生活。从平凡到平庸，是一件很容易的事，只要心生懈怠，甘愿沉沦，就滑向了平庸的边缘。我们相信，在这个平凡的世界上的芸芸众生，没有哪一个人愿意平庸地度过自己的一生，可是古往今来，在糊里糊涂中庸庸碌碌地了此一生的人却不在少数。很多人以为，这是他们自己的事情，他们愿意去过平凡的生活。

其实，平庸与平凡还是有很大区别的，两者并不能相提并论。平凡的人不一定能成就一番惊天动地的大事业，可是他们能在生命的过程中把自己点燃，即使自己只是一根小小的火柴，也要释放出全部的光和热，给自己一个闪耀的人生旅途；平庸的人可能是一大捆炸药，但他却连自己的引线都没有去寻找，然后点燃它，让自己的人生变得轰轰烈烈，最后只能在时间的长河中消沉下去，成为一堆垃圾似的废火药。

1991年，一位来自辽宁沈阳的父亲带着9岁的儿子，来到北京寻找他们的音乐梦。

可是，父子俩一无关系、二无背景，仅凭着对音乐的执着与热爱，根本不足以引起音乐界的重视。为了能够待在京城，父亲费尽周折，勉强将儿子送进了一家小学。儿子的特长是弹钢琴，父亲花高价联系了一位有名的钢琴师上辅导课。第一天，钢琴师只教了儿了一段简单乐谱，就摇起了脑袋："这孩子，脑子比一般人笨，反应也慢，肯定上不了中央音乐学院的，趁早改行吧！"结果，性格倔强的儿子当场就和老师吵了起来，父亲怎么也劝不住，师生俩闹得不欢而散。

看着不争气的儿子，父亲心里一阵难过："这些年，爸爸辞职、卖房子，背井离乡，到处求人，不都是为了你能学好钢琴，将来上中央音乐学院吗？你现在却成了这个样子！"儿子的倔劲又上来了："爸，我再也不学琴了，我想回沈阳！"

经过又一场争执之后，父亲由失望变成绝望，决定带儿子离开北京了。在他们动身的当天，接到了一个意外的通知：儿子所在的小学办晚会，老师们指定要儿子弹奏一曲钢琴。儿子显然还在气头上："不弹了，不弹了，连钢琴老师都说我笨，反应慢，我再也不摸琴了！"几位老师都很奇怪："弹得好好的，怎么说不弹就不弹了？""不摸琴？你父亲送你来北京，不就是为了学琴的吗？"然而，无论老师们怎么做工作，儿子就是不肯再摸琴了。

他们的争执引来了一群好奇的观众，那就是儿子班上的同学。接下来，令儿子感动的一幕出现了，小朋友们你一言我一语地帮着劝开了："弹吧，我们都喜欢听你弹琴！""在我们心中，你的钢琴是弹得最棒的！"……

那天晚上，儿子流着泪，以从未有过的激情，弹奏了几支中外名曲。台下的听众们如痴如醉，掌声四起，久久没有停下。儿子站起身来，一遍又一遍向着鼓励他的人们鞠躬，在那些连绵不绝的掌声中，儿子作出了一个改变一生的决定："我要学钢琴！我一定要学好！"

凭着过人的自信加努力，2年后，儿子以第一名的成绩考入中央音乐学院附小；10年之后，他成了中央音乐学院最年轻的客座教授，并且凭着一系列成功的演出震惊中外。他，就是被誉为"百年不遇的钢琴天才"郎朗。

朗朗由一个资质平平的人，最终被冠以"百年不遇的钢琴天才"。朗朗的成才经历启示我们，导致平庸和失败的原因只有一种，那就是放弃努力。世界上没有人是平庸的，只有不努力。积极不懈的努力，可以化渺小为伟大，化平庸为神奇。倘若听完名钢琴师的一番话后，朗朗妄自菲薄，自甘沉沦，或许世界上又多了一名平庸之人吧？

>>> 没有追求，平凡就在平凡中徘徊

如果没有梦想，没有追求，平凡只能是一味简单重复，平凡也只能在平凡中徘徊，不仅无法孕育伟大，甚至还会导致平庸。一个人拥有了追求，才能拔起擎天的巨木，才能升腾冷漠的生命，才能在平凡中孕育伟大。

有一位不满28岁的小伙子，狠心辞去干了5年的公务员职位，携同妻女来到云南昆明闯荡，要想自己创业当老板。小伙子名叫许单，生于1981年。中专毕业后分配到某乡镇林业局工作，每天上班2个小时左右，每月薪水2 000元左右，一晃5年过去了。回忆起这5年，许单印象最深的是生活的单调和逝去的激情。

"如果人生就这么一天天浪费下去……"许单说，他认为这不是自己要的生活。许单在学生时代就很有干劲，自己开过饭馆、卖过电脑。眼下，距离年少的那种意气风发已经越来越遥远。犹豫了1个月之后，他在众人的惋惜声中辞掉那个所谓的"铁饭碗"，带着妻女登上了来昆的火车。

"我要创业。"辞职之前，许单酝酿已久，准备加盟一家全国连锁的小吃店。来昆第二天，他便开始寻找起店铺来，可是这个"寻找"的过程让他倍感艰辛。一张最新版昆明地图是他仅有的助手。短短10天，许单从他的居住地出发，凭着双腿走过昆明的大街小巷。他每发现一个出租的店铺，就用笔大致地标记下地

理位置，并前去探听转让费及人流量情况。10天来他早出晚归，每天7时起床，快凌晨才上床睡觉，走破了一双厚袜子，但仍然没有找到合适的铺面。

"也不是一无所获，还是将昆明熟悉了一遍。"许单自我安慰地笑笑。他表示，创业第一炮还未打响，他将继续努力，争取在1个月内找到合适的店铺，在3个月内新店开张。"年轻人累点没关系，就怕百无聊赖。"许单说。

成功的人绝对不会以平庸的表现自满。日本直销天王中岛薰说过："我向来认为自己最大的敌人就是自满，一次新的成功永远只是一个新的起点，而不是终点。"百万富翁想当千万富翁，千万富翁想当亿万富翁，亿万富翁想角逐《财富》排行榜。成功是一种思维习惯，更是一种行为习惯。一个成功的人不断地追求成功，所以他才与平庸绝缘，才更成功。

>>> 不要活得一世平庸

"平凡"与"平庸"两词仅一字之差。在现实生活中，不少人将它们通用，比如形容一个人：他很平凡或他很平庸，意思相近，几乎代表了同一个意思，但相近不代表相同，它们的差别在哪里呢？简而言之，所谓"平凡"，就是平常，不稀奇；所谓"平庸"，就是寻常，无作为！

由上可知，"平凡"与"平庸"虽然一字之差，但实际意义却有万里之遥！有人曾以螺丝钉作喻，形象地表达出两者的不同——平凡的人就像是普通的螺丝钉，需要他的地方，他总能贡献自己的一份力量。而平庸的人则像是废弃的螺丝钉，并没有多少作为。所以，我们的人生可以是平凡的，但绝不能是平庸的。

平凡的人总是随处可见：保洁员、工人、农民、教师……他们是平凡的，他们在平凡的岗位上默默地奉献自己，创造出了许多的不平凡！因为有那些平凡的保洁员，我们的城市才得以维持整洁和美丽；因为有那些平凡的建筑工人，才有一幢幢豪华气派的高楼大厦；因为有那些平凡的农民，我们才不用担心温饱问题；因为有那些平凡的教师，才有今天的国家栋梁、桃李芬芳。这些都是平凡的人们在平凡的岗位中创造的，所以，我们说平凡并不代表没用，更何况，许多的不平凡的人也正是从平凡中一路走来！

不平凡的平凡人实在是太多了，当然，平庸的人也一样充斥在生活的角角落落！

平庸的人往往会瞧不上平凡的人，平庸的人往往整日无所事事，平庸的人还有自吹自擂的嗜好。有一些外表华丽，内心却很冷漠的人，他们内心鄙夷扫大街的保洁员，轻视那些淘废品的拾荒者，也瞧不起衣着朴素的农民，他们还会向那些不小心撞到他们的人投去憎恶的眼神，甚至对其进行言语侮辱……这些人不懂得什么叫谦虚，不懂得什么叫忍让，更不懂得什么叫内涵，是不折不扣的平庸之人。

平凡的人，往往会在平凡中找准自己的位子，并默默地付出，因为他们追求一种充实的人生。而平庸的人，往往会迷失自己的前进方向，然后随波逐流，任自己的心灵因现实的阴霾而变得浑浊不堪。所以，我们要坚决拒绝平庸，特别是在这个物欲横流的现代社会里，更要把握好人生的舵，找对自己的位置，即使位置是平凡的，也不要陷入平庸！

>>> 幸运的人生拒绝平庸

　　"平庸"是一个老迈的词汇，这个世界不该存在平庸的年轻人，因为我们是如此幸运，时刻都有超越平庸的时间与机会。记住，今天你平庸地混日子，明天平庸的日子便混你。

　　使一个人平庸的原因只能是他的心态，这就像在一场田径比赛中，没有人认为最后一名是平庸的，因为他在奔跑，他的血液沸腾着，他的目光是坚定的。我们几乎很少看到比赛中的最后一名满脸羞愧，他们同样用尊严与热情跑过终点。而一个连上场跑一跑的勇气都没有的人，一个消极面对平凡生活的人，才是一个真正的平庸者，其悲哀是他将永远是这个世界的看客，而自己一无所有。

　　在这个世界上，绝大多数的人，终生都奔跑在从现实赶往梦想的路上，他们皓首穷经终不得志，但奔跑的过程本身就是一种伟大。做人的姿态和生命的魅力就是在这奔跑之中。

　　张峰在机关上班，一天，他就调动工作一事征求朋友的意见。原来的工作单位是国家的一个部级单位，他的专业是法律，现在的职务是正处长。近期以来，他们单位在进行一系列的改革，他的工作业务一下子减少好多，变得日益清闲起来。这时，有两家他们原来的下属企业都向他发出了邀请，有意让他去主持一个部门的工作。

张峰很犹豫：

一是自己现在是处级，在现在的单位老实地干下去，退休前混个局级应该说没有多大问题，如果到一个新单位会怎么样？二是这么多年在机关，到企业后能否适应？三是如果动的话，应该去哪一家企业？

朋友告诉他："既然现在无事可做，在此处再待下去就是养老。从机关到企业是有个适应的过程，现在才30多岁就没有勇气去做了，那么以后更不会有这样的勇气。"

朋友接着说："做什么都有风险，可是我们30多岁，正是为人的黄金时期，这时候什么都不做才是最大的风险。具体去哪家，你比我了解情况，你自己做决定。"

这件事情的结局是，张峰没有听进朋友的意见，仍然待在原来的单位。

这个故事恰恰印证了美国著名成功人士高希曾说过的一句话："想要不冒任何风险而获利，不面对任何危险而有所体验，或不做任何事情而得到的报酬，就如同不出生却想在这个世界上生活一样，都是不可能的事。"此语道出了成功生活的必要条件。

在我们有限的生命中，无论干什么都会有风险，但是，如果什么都不干，安于平庸混日子，那才是最大的风险。平庸无奇的生活，使人的精神处于麻木与半麻木的状态，犹如待在没有星星与月亮的黑夜，没有风没有鸟，甚至连一点声音也没有，除了死寂还是死寂。

如果我们的生活总是四平八稳，千篇一律，这样生活100年和生活1天有什么分别？如果今天总是重复着昨天的故事，每天完全一样的生活着，100岁的老寿星和夭折的婴儿又有何区别？我们希望长寿，希望过好日子，希望不久的将来有全新的格局出现。只有打破习惯陈规，努力拼搏，生命才有意义，才有可能创造出美丽的奇迹。

>>> 匠人精神：把自己育成精英

平庸和卓越只有一线之隔。在平凡中日复一日，做一天和尚撞一天钟，是为平庸；在平凡中勇于开拓，不断创新即为卓越。没有人注定平庸，也没有人生而卓越，不同的只是面对生活的态度。积极使平凡的人变得卓越，消极让人卓越变得平庸。粗劣的工作只会造成粗劣的生活，所以，追求卓越，享受高品位的生活，就应该让每一天成为自己的代表作。

弗雷德是美国邮政的一名普通邮差。或许在大多数人的眼中，投递邮件的工作繁琐而枯燥，但弗雷德却非常热爱自己的邮差工作。他竭诚为大家服务，并把自己的工作视为一次机会，一次改变周围人的生活的机会。正因为有这样的信念，所以他在投递邮件时愿意多走一些路，愿意将所有人都看成是自己的朋友。他通过自己的想象力和创造力为客户提供超值的服务，让每一天都成为自己的代表作。最终，他完成了从平凡到杰出的跨越。

在现实生活中，一个人要想从芸芸众生中脱颖而出，就得摒弃这样的想法："做这种平凡乏味的工作，有什么希望呢？"你要知道，很多时候就是在极其平凡的职业中、极其低微的位置上，蕴藏着巨大的机遇。只要把自己的工作做得比别人更完美、更迅速、更正确、更专注，调动自己全部的智力，从旧事中找出新方法来，让每一天都成为自己的代表作，才能引起别人的注意，使自己有发挥本领的机会，进而满足心中的愿望。

每个人都应该把自己看成是一名杰出的艺术家，而不是一个平庸的工匠，应该永远带着热情和信心去工作。卓越者和平庸者的分水岭在于：卓越者无论做什么，都力求达到最佳境地，丝毫不会放松；卓越者无论从事什么职业，都不会轻率疏忽。当完成一项工作以后，应该这样说："我愿意做那份工作，我已竭尽全力、尽我所能来做那份工作。倘若依然有不尽如人意之处，我很乐意听取他人对我的批评和指导。"不论你的工资是高还是低，你都应该保持这种良好的工作作风。这是你踏上卓越之旅的必修课。

敷衍和疏忽所造成的祸患不相上下。许多年轻人之所以失败，就是败在做事敷衍这一点上。养成了敷衍了事的恶习后，做起事来往往就会不诚实，对于自己所做的工作就不会做到尽善尽美。这样，人们最终必定会轻视他的工作，从而轻视他的人品。正确的态度应该是：把工作当成生活的一部分，严格要求自己，能做到最好，就不能允许自己只做到一般好；能完成百分之百，就不能只完成百分之九十九。那些扛着进步和幸福大旗的成功人生，就是具有这样素质的人。

生活是一项可以自己动手完成的计划，就像盖房子一样。你可以认真精心，使用合适的材料建造一所房子，这样的房子建筑质量高，对后期维修的要求很低；你也可以使用质次的材料，随便在平地上搭起一个简陋的棚屋，不久后眼睁睁地看着它坍塌。你选择哪种方式建造你的人生大厦呢？选择前者，造就卓越；选择后者，导致平庸。

>>> 平凡生活中的英雄梦想

汪国真在《平凡的魅力》一文中写道：

我不会蔑视平凡，因为我是平凡中的一员。我的心上印着普通人的愿望，眼睛里印着普通人的悲欢，我所探求的也是人们都在探求着的答案。

是的，我平凡，但却无需以你的深沉俯视我，即便我仰视什么，要看的也不是你尊贵的容颜，而是山的雄奇，天的高远；

是的，我平凡，但却不需以你的深刻轻视我，即使我聆听什么，要听的也不是你空洞的大话，而是林涛的喧响，海洋的呼喊；

是的，我平凡，但却无需以你的崇高揶揄我，即使我向往什么，也永不会是你的空中楼阁，而是泥土的芬芳，晨曦的灿烂。

孤芳自赏并不能代表美丽也不能说明绚烂，自以为不凡更不能象征英雄气概顶天立地。

世上的大多数人都很平凡，平凡得像雾像雨又像风。然而，平凡并非没有自豪的理由，并非没有魅力可言。

王顺友是木里藏族自治县邮政局的一个普通的苗族邮递员。一个20年来每年都有330天以上独自行走在邮路上的邮递员；一个在雪域高原跋涉了26万公里、相当于走了21趟二万五千里长征、绕地球赤道6圈的普通的平凡的人。

王顺友最能感动世人之处，恰恰在于他的平凡本色——他是一个真正与普通群众"零距离"的模范。

他既不是领导干部，又不是博士专家，甚至连一个村子、一个生产班组的"带头人"都不是。他的工作没有太高的技术含量，只是翻山越岭去送信，但一送就认认真真地送了20年。

与那些放弃国外高薪礼聘毅然回国的人不同，王顺友接父亲的班后，当上了乡邮递员并得到一份稳定收入，除此之外，他并没有更多的改善自己经济条件的人生机遇。

王顺友坦言："我干的是苦差，挣的是苦钱。"面对人生艰辛，他别无选择，但他敢于面对、勇于负责。为保护邮包，他曾与劫匪横刀对峙，曾纵身跳入洪水急流。

这些在别人看来的英雄行为，在王顺友眼里，只不过是一个老实的人在做分内的事。

王顺友不是不食人间烟火的圣人，而是一个平凡得不能再平凡的人。但是，正是在这种平凡中我们看到了伟大。珍惜每一次是我们在平凡人生中可以做到的。做到了这样的每一次，我们的平凡就有了体积和力量，有了自身的光彩和韧性。

做人不要小看平凡。越是平凡的地方越真实，越是平凡的人越诚实，越是平凡的事情越能干出不平凡的业绩。

>>> 没有小角色，只有小演员

在职场的舞台上，很多人只把自己看成是一个平凡无奇、没有光彩的配角，并且还满足于其中。要知道，配角之所以是配角，是因为演员自己把它当成配角来演。换句话说，即使你只是公司里最渺小的一员——就像舞台剧中的一个配角，如果你把自己当成主角来演，把自己的工作当成重要的事来做，那么你就是主角。

为了募捐，主日学校准备排练一部叫《圣诞前夜》的短话剧。告示一贴出，妹妹便热情万丈地去报名当演员。定角色那天，妹妹到家后一脸冰霜，嘴唇紧闭。"你被选上了吗？"哥哥小心翼翼地问她。"是。"她丢给我们一个字。

"那你为什么不开心？"哥哥壮着胆子问。"因为我的角色！"妹妹说。

《圣诞前夜》只有四个人物：父亲、母亲、女儿和儿子。"你的角色是什么？""他们让我演狗！"说完，妹妹转身奔上楼。妹妹有幸出演"人类最忠实的朋友"，全家不知该恭喜她，还是安慰她。饭后爸爸和妹妹谈了很久，但他们不肯透露谈话的内容。

总之，妹妹没有退出。她积极参加每次排练，一家人都纳闷：一只狗有什么可排练的？但妹妹却练得很投入，还买了一副护膝。据说这样她在舞台上爬行时，膝盖就不会疼了。妹妹还告诉全家人，她的动物角色名叫"危险"。哥哥注意到，每次排练归来，妹妹眼里都闪着兴奋的光芒。然而，直到看了演出，哥哥才真正了解那光芒的含义。

演出那天，哥哥翻开节目单，找到妹妹的名字："珍妮——危险（狗）"。偷偷环视四周，整个礼堂都坐满了，其中有很多熟人和朋友，哥哥赶紧往椅子里缩了缩。毕竟，有一个演狗的妹妹，并不是很有面子的事。幸好，灯光转暗，演出开始了。

先出场的是"父亲"，他在舞台正中的摇椅上坐下，召集家人讨论圣诞节的意义。接着"母亲"出场，面对观众坐下。然后是"女儿"和"儿子"，分别跪坐在"父亲"两侧的地板上。在这一家人的讨论声中，妹妹穿着一套黄色的、毛茸茸的狗道具，手脚并用地爬进场。

但这不是简单地爬，"危险（妹妹）"蹦蹦跳跳、摇头摆尾地跑进客厅，她先在小地毯上伸个懒腰，然后才在壁炉前安顿下来，开始呼呼大睡。一连串动作，惟妙惟肖。很多观众也注意到了，四周传来轻轻的笑声。

接下来，剧中的父亲开始给全家讲圣诞节的故事。他刚说到"圣诞前夜，万籁俱寂，就连老鼠……""危险（妹妹）"突然从睡梦中惊醒，机警地四下张望，仿佛在说："老鼠？哪有老鼠？"神情和家里的小狗一模一样。哥哥用手掩着嘴，强忍住笑。

男主角继续讲："突然，轻微的响声从屋顶传来……"昏昏欲睡的"危险"又一次惊醒，好像察觉到异样，仰视屋顶，喉咙里发出呜呜的低吼。太逼真了！妹妹一定费尽了心思。很明显，这时候的观众已不再注意主角们的对白，几百双眼睛全盯着妹妹。

因为"危险"的位置靠后，其他演员又都是面向观众坐着，所以观众可以看见妹妹，其他演员却无法看到她的一举一动。他们的对话还在继续，妹妹幽默精湛的表演也没有间断，台下的笑声更是此起彼伏。

那晚，妹妹的角色没有一句台词，却抢了整场戏。后来，妹妹说，让她改变态度的是爸爸的一句话："如果你用演主角的态度去演一只狗，狗也会成为主角。"

这个故事应了演艺圈的一句话："没有小角色，只有小演员。"命运的导演赐予每个人不同的角色，如果你不幸被分配到饰演一个小角色，那么与其怨天尤人、眉头紧锁，不如全力以赴。因为再小的角色也有可能变成主角，哪怕你连一句台词也没有。

一个人如果用配角的心态来演绎自己的人生，那么，他就只能注定是个不受人关注和重视的配角；如果用主角的心态去倾力演绎好一个角色，那么，即使是一个小配角，也能演出主角的范儿。在职场中亦如此。只有演好了"小角色"，才能成为"大演员"。无论岗位大小，都得承担着一定的社会责任，都有一定的价值和意义。只有在自己的工作岗位上尽职尽责，努力工作，充分发挥自己的智慧和能力，最终才能够步入卓越者之列。

>>> 唯有努力，才能从平凡中崛起

一个人从生命伊始到生命终结，可以画成一条有始有终的线段。这条线段的起点就是呱呱坠地的瞬间；之后是成长、成熟、衰老，这个看似漫长实则短暂的生涯中的点滴，自然就是这条线段上的任何一点罢了。当然，这条线段的终点要在停止呼吸那一刻才能画上去。如此这般，才是一个完整的人生。

当一个人走完一生，告别红尘时，追寻他在人生旅途中留下的足迹就会发现，无论他离世前多么风光无限，多么富甲一方，多么位高权重，在他生命的最初阶段都是平凡而普通的。除了极少数在少年时期，甚至童年时期便崭露头角外，大多数成就斐然者都曾是平凡世界中的一分子。他们生于平凡，却从平凡人中脱颖而出的秘诀是——他们不约而同地选择了挑战自我、努力拼搏。

有谁敢说，狮子一生下来就是兽中之王；有谁敢说，罗马帝国是一天就建成的；有谁敢说，一顿就可以吃成胖子……这是一个平凡的世界，古今中外，下至布衣草民，上至元首总统，一切的一切都是那么平凡。据研究发现，狮子初降世间时，身体虚弱得还不如羚羊；伟大的数学家华罗庚，据说从小就有轻度弱智；松下集团老板松下幸之助最初只是个电器维修工……可喜的是，他们虽出身平凡，却不甘平庸。一个人只有打起精神去挑战自

我，去实践理想，才有可能从平凡中崛起。

一个人所处的环境靠个人也许无力改变，但如何适应环境则是自己完全可以控制的。生活于这个平凡的世界上，要想干出一番不平凡的事业，就得调整好自己的心态。这是因为人的一生难免会碰上许多问题，遇到不少挫折。我们要清楚，在面对问题和挫折时，怨天尤人解决不了任何问题；积极调整好生活态度，勇敢地迎接人生的挑战，并尽最大的努力去做好每一件事，突破平凡，才是最明智的选择。

正如英国首相丘吉尔说的，"每个人的生命中都有一个特殊的时刻，他就是为此而生。这个特殊的机遇，如果他能够把握，将使他得以完成自己的使命——一个只有他才有能力完成的使命。此时，他将感受荣耀与伟大，这是属于他的辉煌瞬间。"平凡的他们抓住了机会，最终铸就了伟大。

>>> 把平凡的事做得不平凡

故事发生在中国上海。

微软中国公司全球技术支持部的部门经理刘润准备去机场，出了美罗大厦，坐上一辆出租车，还没等他说话，司机就说："终于守到您了，您去哪里，路程短不了吧？"刘润一愣，自己正是要去机场！"您怎么会知道？我正是要去机场啊。"司机笑了笑，熟练地起步，驱车向机场方向驶去。

因为从美罗大厦到机场的路途很远，车子启动以后，健谈的司机便和刘润聊起来。他说："其实我一看到您，就知道您要去机场或者火车站，看您这身打扮，拎着这样的箱子，不出远门才怪呢！那些在超市门口、地铁口打车，穿睡衣的人可能去机场吗？机场也不会让他们进去啊……"刘润听他这么说，感觉很有意思，他没想到简单的开出租车还有这么大的学问，不由得兴致大增，请他继续往下说。

司机给刘润举了一个例子："有一次，我在人民广场看到三个人在前面招手：第一个是年轻女子，拿着小包，刚买完东西；中间是一对青年男女，一看就是逛街的；第三个是穿羽绒服的青年男子，手上还提着笔记本电脑。我毫不犹豫地把车开到了穿羽绒服的人面前。那人上了车也觉得奇怪，说你为何放弃前面两个不拉，偏偏开到我面前？我说，第一个女孩子是中午溜出来买东西的，估计公司很近；中间那对情侣是游客，没拿什么东西，不会去很远。那青年竖起大拇指说，你说对了，我去宝山。

"我做过精确统计，我每天开17个小时的车，算上油费和各种费用，平均每小时的成本为34.5元。如果上来一个10元的起步价，大约要开10分钟，加上每次载客之间的平均空驶时间7分钟，等于我花了17分钟只赚了10元钱，而17分钟的成本价是9.8元，不划算，20元到50元之间的生意性价比最高。"

司机这么一算，让刘润听得瞠目结舌，佩服得五体投地，心想今天遇上高人了。没想到一个普通的出租车司机，竟然把平凡的工作精算到这种地步，不仅能准确抓住理想的客户，还能把运营成本精确到每分钟，分明就是一个推销专家和成本核算师。

到了机场，司机给刘润留了电话，刘润才知道司机名叫臧勤。刘润事后在他的博客上写道："臧勤给我上了一堂生动的MBA课！"后来通过接触，刘润得知，臧勤是开了17年出租车的老司机，在上海出租车司机中，也是赫赫有名的能人。在上海出租车司机平均月收入只有3 000元左右，被上海人一致认为，开出租车司机是又苦又累又不赚钱的职业时，臧勤的每个月收入却高达8 000元，远远高于上海普通白领的收入。

一个平凡的出租车司机，一个看上去根本没有知识和技术含量、只要是健康人都能做的开车工作，为什么臧勤能做得如此出色呢？原因就是他从选择做出租车司机那天起，就开始用心做这份工作，用心观察，用心总结，对乘客的每一个细节都有准确的判断。对理想的乘客应该在什么地方出现，什么时间出现，了然于心，做到省时省力省成本，保持高载率高收入高效能。

后来，刘润邀请臧勤为微软公司的50名员工讲了一堂课，45分钟的演讲被掌声打断了8次。

臧勤是一个平凡人，做着平凡的工作，但是我们能说他不成功吗？

成功，是一个人的现在与从前相比是否进步，是一个人的真实能力与做出的成绩相比是否悬殊，是一个人与从事同样工作的人相比是否突出。

作为一名平凡的年轻人，由于各种条件的制约，能做的工作的确不多，那么就从平凡的工作、自己能做的工作努力做起，无论这份工作有多平凡。

记住，任何平凡的工作，只要我们用心、动脑、用手，就能做出不平凡的成就。能把平凡的事情做得不平凡，就是我们梦想的、期待的成功。

Part7

为什么你那么努力还没有成功

　　成功离不开努力，努力是通向成功的必经之路。在努力的同时，也要方法和技巧。那种只知苦干、蛮干，一条道走到底不知变通的人，到头来可能徒劳无功。毕竟，方法比努力更重要。

　　成功也可以走直线。要拼命地努力，更要聪明地努力。努力加方法，苦干加巧干，让你以最少的付出获得最大的回报。

>>> 请停止无效努力

成功需要勤奋，需要你努力，需要你付出汗水，就连爱迪生也说："天才等于百分之九十九的汗水加百分之一的灵感"。

我们强调勤奋和努力的重要，但不是说要让你做那种没有效果的付出。如果我们付出了很多汗水，甚至付出了九牛二虎之力，而结果却毫无收获，这样的付出又有什么意义呢？

做事是要讲究方法的，做事有方法，会让你以最小的付出获得最大的收获。

生活中，有很多的人不缺少努力的精神，但是他们做事不讲究方法，不知变通，喜欢"一竿子捅到底"。虽然他们坚定目标，但却不考虑实际能力而"盲目追求"。

"一竿子捅到底"讲的是：认准目标，勇往直前，是一切成功者的成事之道。但一切成功者也应该懂得：人生路上，难免有坎坷，难免遍布荆棘，应该学会改变自己，才可能确保制胜。

当一种动机屡经尝试仍不能成功，达不到预定目标时，应该及时调整目标，变换方式，通过别的方法和途径实现目标，或者把原来制订的太高而不切实际的目标往下调整，改变行为方向，则有可能增加成功的概率。这种目标的重新审定和转移，不是惧怕困难，而是实事求是的表现；同时，也降低和避免了由于目标不当难以达成而可能产生的挫折感和焦虑情绪。

　　实际上，当一个人确定的目标由于自身条件或社会因素的限制，不能实现并受到挫折时，就可以改变目标，用另一目标来代替，以使需要得到满足；或通过另一种活动来弥补心理的创伤，驱散由于失败而造成内心的忧愁和痛苦，增强前进的信心和勇气。

　　有些人对待问题脱离实际，就认准了"一条道儿走到底，不撞南墙心不死"，从不顾及客观情况，只是单纯的以不变应万变，那也只能是自设苑囿，作茧自缚。而有一些人在突然的、意外的重大挫折面前，由于原定的追求目标已不可能实现，或是为了用其他行动来转移、代替心理上的痛苦，就会转而追求别的目标或是进行另外的活动。这也可以获得新的成功，得到心理上的补偿。

　　每个人都生活在一定的现实中，离开特定的现实，要想成大事，简直是天方夜谭。为什么？因为现实是每个人生活的基础。对于那些不停地抱怨现实恶劣的人来说，不能称心如意的现实，就如同生活的牢笼，既束缚手脚，又束缚身心，因此常屈从于现实的压力，成为懦弱者；而那些真正成大事的人，则敢于挑战现实，在现实中磨炼自己的生存能力，敢于改变自己，改变目标，这才是能成事的做法。

　　很多时候，埋没天才的不是别人，恰恰是自己。成功的路径不止一个，不要循规蹈矩，此路不通，就该换条路试试。如果努力已无成效，那么就及时停止无效努力，改变做事的方式。

>>> 勤奋需要有聪明伴随

无论是一个打工者，还是一个老板；无论是蓝领阶层，还是白领阶层，可能都在被一个美德所束缚着，那就是努力工作。

"努力就能成功""努力就能得到名利与财富"，很多人都把这两句话当作真理，把"努力""勤奋"当作自己的座右铭，因而整天忙忙碌碌，常年忍受着劳累，但这样就一定能够成功吗？就一定会获得自己所需要的一切吗？

自古房子出售，都是先盖好房，再出售，对此，霍英东反复问自己："先出售，后建筑不行吗？"正是由于霍英东这一顿悟，使他摆脱了束缚，迈出了由一介平民变为亿万富豪的传奇般的创业之路。霍英东是中国香港立倍建筑置业公司的创办人。在香港居民的眼中，他是个"奇特的发迹者"。"白手起家，短期发迹""无端发达""轻而易举""一举成功"，等等，这些议论将霍英东的发迹蒙上了一层神秘的色彩。霍英东的发迹真的神秘吗？不，他主要是运用了"先出售、后建筑"的高招，而这一高招来自于他的思考，来自于他的方法，来自于他的"聪明"。

在工作中，勤奋当然是必不可少，这是一种优秀的品质，但要想获得成功，最大化地体现你的人生价值，就要多思考，无论看到什么，都要多问为什么，把思考变成自己的习惯。

辛苦工作与轻松创造是不相匹配的。和那些鼓吹辛苦工作的人不同，聪明的成功者知道，与长时间地辛苦工作相比，重要的、具有想象力的付出能产生令人印象深刻得多的经济效益和个人满足感。选择成为一个聪明的成功者，你就要多动脑、多思考，这样方能创造出更多的业绩，更多的辉煌，才能成为一个顶尖人物。

>>> 会动脑筋，人生能更出彩

一个城里男孩凯尼移居到了乡下，从一个农民那里花100美元买了一头驴，这个农民同意第二天把驴带来给他。

第二天农民来找凯尼，说："对不起，小伙子，我有一个坏消息要告诉你，驴死了。"

凯尼回答："好吧，你把钱还给我就行了。"

农民说："不行，我不能把钱还给你，我已经把钱给花掉了。"

凯尼说："OK，那么就把那头死驴给我吧。"

农民很纳闷："你要那头死驴干吗？"

凯尼说："我可以用那头死驴作为幸运抽奖的奖品。"

农民叫了起来："你不可能把一头死驴作为抽奖奖品，没有人会要它的。"

凯尼回答："别担心，看我的。我不告诉任何人这头驴是死的就行了。"

一个月以后，农民遇到了凯尼，农民问他："那头死驴后来怎么样了？"

凯尼说："我举办了一次幸运抽奖，并把那头驴作为奖品，我卖出了500张票，每张2块钱，就这样我赚了998块钱。"

农民："哇！那群人没有把你打死？"

凯尼骄傲地回答："只有一个人会来打我，就是那个中奖的。所以我把他买票的钱还给他就没事了。"

许多年后，长大了的凯尼成为了安然公司的总裁。

思维的独创性是创造思维的根本特征，创新就是要敢于超越传统习惯的束缚，摆脱原有知识范围的羁绊和思维过程的禁锢，善于把头脑中已有的信息重新组合，从而发现新事物，提出新见解，解决新问题，产生新成果。这样突破常规的例子数不胜数。

暑假前，16岁的佛瑞迪对父亲说："我要找个工作，这样我整个夏季就不用伸手向你要钱了。"不久佛瑞迪便在广告上找到了适合他专长的工作。第二天上午8点钟，他按要求来到纽约第42街的报考地点，可那时已有20位求职者排在队伍的前面，他是第21位。

怎样才能引起主考者的特别注意而赢得职位呢？佛瑞迪沉思良久后想出了一个主意：他拿出一张纸，在上面写了几行字，然后把纸折得整整齐齐交给秘书小姐，恭敬地说："小姐，请你马上把这张纸条交给你的老板，非常重要！""好啊，先让我来看看这张纸条……"秘书小姐看了纸条上的字后不禁微笑起来，并立刻站起来走进老板的办公室。结果，老板看了也大声笑了起来。原来纸条上写着："先生，我排在队伍的第21位。在您看到我之前，请不要做任何决定。"最后，佛瑞迪如愿以偿地得到了这份工作。

很显然，这是佛瑞迪善于思考产生的效果。佛瑞迪的故事和成功经验形象地告诉我们：一个会动脑筋思考的人总能把握住机会，并妥善地解决问题，成功离不开睿智的创意。

>>> 方法总比问题多

　　最幸运的人，往往是最努力找方法的人。他们相信凡事都会有方法解决，而且总有更好的方法。主动找方法解决问题的人，机会也会主动找上门来。

　　小李被董事长任命为销售经理，这个消息是同事们所没有意料到的。谁都知道，公司目前的境况不佳，迫切需要拓展业务以求生存，这个销售经理的位置更显得重要了，也正由于此，这个位置一直没有找到合适的人选。与其他几个较资深的同事相比，貌不惊人、言不出众的小李并无多少优势可言。

　　很快有好事者传言，小李的提升，得益于前些日子大厦电梯的突然停电。那天晚上公司里加班，近10点时才结束，小李走得最迟，在电梯口遇到了董事长等人。电梯运行时突然因停电卡住了，四周顿时一片漆黑，时间一分一秒地过去，人家开始抱怨，两个女孩更显得局促不安。这时闪出了一小串火苗，是从打火机发出的，人们立刻安静下来。在近一个小时的时间里，小李的打火机忽亮忽灭，而他什么也没说。

　　有些人对小李的提升不服。不久后，董事长在员工会议上说了这件事并解释道："因为在黑暗里，小李点燃手中所有的火种，而不像有些人在抱怨诅咒这不愉快的事件和黑暗。我们公司要走出低谷，而不被一时的困难压倒，需要小李这样的人。"

越是在困境中，就越是考验一个人的能力与品格的时候。埋怨是无济于事的，而应该利用手中的"火种"去战胜黑暗，创造一个光明的前程。

有问题就要解决。怎样解决？当然是用方法解决。只要找对了方法，再难的问题也不是问题。

1. 简化问题

错综复杂的问题都可以分解成简单的问题或语言。

例如：销售额：25，873，892美元

成本：14，263，128美元

如果科长问成本销售额的百分之几，就可以用简单方式表示，即把销售额看成是25，把成本看成是14，14：25这样就可推测出成本占销售额的56%。无论什么问题，只要把它简单化就容易找到解决的办法。

2. 把别人的终点当作自己的起点

博古通今、多才多艺的里欧纳尔德·文奇说："不能青出于蓝的弟子，不算是好弟子。"

一位年轻优秀的科学家皮耶·艾维迪也说："比起史坦因美兹等科学界的巨人，我们只能算是小人物。但踏在巨人肩上的小人物，却能比巨人看得更远。"皮耶在钻研新课题时，常应用这句话，他把与研究题目有关的资料收集到手，然后加以阅读和检讨。

3. 学习别人的做法

比如要推出新式录音机该怎么做？假如本身缺乏这方面的经验，若完全靠自己的构思，不仅浪费时间，还会出错。经营录音机的公司总有好几家，是消息的最好来源。但不能依样画葫芦，而是利用先进的既有经验来发挥自己的构思。不论面临什么问题，都要看看人家是怎么解决问题的，然后再加以改善。

4. 使用淘汰法

有时因为解决问题的方法过多，反而不知如何取舍。可以采取淘汰法，把不好的逐一去掉。

例如跳舞比赛，如果一次想从舞者中选出优胜者是很困难的，因此便采取淘汰法。每次评审一组，有缺点就退场，这样陆续淘汰直至两组，最后剩下优胜者的一组。当你要从几个东西中选出最喜欢的时，如果把不喜欢的逐一淘汰，事情就会变得容易了。

>>> 不变的是规则，万变的是方法

战国时期，秦国有个人叫孙阳，精通相马，无论什么样的马，他一眼就能分出优劣。他常常被人请去识马、选马，人们都称他为伯乐。

有一天，孙阳外出打猎，一匹拖着盐车的老马突然向他走来，在他面前停下后，冲他叫个不停。孙阳摸了摸马背，断定是匹千里马，只是年龄稍大了点。老马专注地看着孙阳，眼神充满了期待和无奈。孙阳觉得太委屈这匹千里马了，它本是可以奔跑于战场的宝马良驹，现在却因为没有遇到伯乐而默默无闻地拖着盐车，慢慢地消耗着它的锐气和体力，实在可惜！孙阳想到这里，难过得落下泪来。

这次事件之后孙阳深有感触，他想，这世间到底还有多少千里马被庸人所埋没呢？为了让更多的人学会相马，孙阳把自己多年积累的相马经验和知识写成了一本书，配上各种马的形态图，书名叫《相马经》。目的是使真正的千里马能够被人发现，尽其所才，也为了自己一身的相马技术能够流传于世。

孙阳的儿子看了父亲写的《相马经》，以为相马很容易。他想，有了这本书，还愁找不到好马吗？于是，就拿着这本书到处找好马。他按照书上所画的图形去找，没有找到。又按书中所写的特征去找，最后在野外发现一只癞蛤蟆，与父亲在书中写的

千里马的特征非常像，便兴奋地把癞蛤蟆带回家，对父亲说："我找到一匹千里马，只是马蹄短了些。"父亲一看，气不打一处来，没想到儿子竟如此愚蠢，悲伤地感叹道："所谓按图索骥也。"

这个寓言有两层寓意，一是比喻按照某种线索去寻找事物，二是讽刺那些本本主义的人，机械地照老方法办事，不知变通。

美国威克教授曾经做过一个有趣的实验：把一些蜜蜂和苍蝇同时放进一只平放的玻璃瓶里，使瓶底对着光亮处，瓶口对着暗处。结果，那些蜜蜂拼命地朝着光亮处挣扎，最终气力衰竭而死，而乱窜的苍蝇竟都溜出细口瓶颈逃生。这一实验告诉我们：在充满不确定性的环境中，有时我们需要的不是朝着既定方向的执着努力，而是在随机应变中寻找求生的路；不是对规则的遵循，而是对规则的突破。

随机应变，灵活变通是一种智慧，这种智慧让人受益匪浅。

孙膑是我国古代著名的军事家，他的《孙膑兵法》到处蕴含着变通的哲学。孙膑本人也是一个善于变通的人。

孙膑初到魏国时，魏王要考查一下他的本事，以确定他是否真的有才华。

一次，魏王召集众臣，当面考查孙膑的智谋。

魏王坐在宝座上，对孙膑说："你有什么办法让我从座位上下来吗？"

庞涓出谋说："可在大王座位下生起火来。"

魏王说："不行。"

孙膑说："大王坐在上面嘛，我是没有办法让大王下来的。

不过，大王如果是在下面，我却有办法让大王坐上去。"

魏王听了，得意洋洋地说，"那好，"说着就从座位上走了下来，"我倒要看看你有什么办法让我坐上去。"

周围的大臣一时没有反应过来，也都嘲笑孙膑不自量力，等着看他的洋相呢。这时候，孙膑却哈哈大笑起来，说："我虽然无法让大王坐上去，却已经让大王从座位上下来了。"

这时，大家才恍然大悟，对孙膑的才华连连称赞。

魏王也对孙膑刮目相看，孙膑很快就得到魏王的重用。

在处理问题时，我们总是习惯性地按照常规思维去思考，如果我们能像孙膑那样，学会灵活变通，寻找方法，那么你就感觉会豁然开朗，问题也迎刃而解。

>>> 不妨试试"第三条道路"

在解决问题的过程中，当运用常规的方法难以奏效时，不妨努力思考"第三条道路"。

一家公司新搬进一幢摩天大楼。可是搬过去不久，他们就遇到了一道难题：

由于新楼内安装的电梯过少，员工上下班总是要等很长一段时间，为此员工们满腹牢骚。

于是，公司老总把各部门的负责人召集到一起，请大家出谋划策，商量如何解决电梯不足的问题。经过一番热烈的讨论，最后提出了四种解决方案：

第一种，提高运行速度，或者在上下班高峰时段，让电梯只在人多的楼层停；

第二种，各部门上下班时间错开，尽量降低电梯的同时使用率；

第三种，在所有的电梯门口装上镜子；

第四种，装一部新电梯。

经过慎重考虑，该公司最终选择了第三种方案。该方案付诸实施后，员工们乘电梯时，再也没有了抱怨声。

爱德华·德博诺教授说："第一、第二或第四种方案，其思维方式属于垂直或传统型的。第三种方案，其思维方式是水平型的，属于横向拓展思维。"他进一步分析说："该公司的难题固然是由电梯不足引起的，但也与员工缺乏耐心不无关系。横向拓展思维就是利用这一点，寻求到了解决之道。"

因为等着乘坐电梯的人一看到镜子，自然会去端详自己的镜中形象，或者偷偷打量别人的打扮，等待电梯的时间就在镜子面前的顾盼之间悄悄地过去了。

不论你做什么工作，既然做了，就应该做到最好。在解决问题方面也是这样。不要怕困难，也不要怕麻烦，问题再棘手也总有一个最佳的解决方案。

如果你比别人更善于思考，更懂得打破常规思维，凡事都力求找到最佳解决方案的话，那么，恭喜你，你就是下一个成功者，下一个幸运者。

>>> 不为失败找借口，只为成功找方法

人们渴望成功，不愿失败。却不知道妨碍成功，甚至导致失败的致命误区，就在自己的心里。这个误区是司空见惯的，即借口。如果任何事情，任何困难，你都给自己找一个冠冕堂皇的借口，那么，你是永远不可能从失败中学习和成长的。

在美国的西点军校，如果有学长或长官问你："为什么不把鞋子擦亮？"你如果回答说："哦，我没时间擦。"这样的回答得到的只能是一顿训斥。因为对方要的是结果，而不是喋喋不休，长篇大论的辩解！

"没有任何借口"是西点军校奉行的最重要行为准则。它强化的是每一位学员想尽办法去完成任何一项任务，而不是为没有完成任务去寻找任何借口。其目的是为了让学员适应压力，培养他们不达目的不罢休的毅力。它让每一位学员懂得了工作中是没有借口的，人生也是没有借口的！

人生不会因为经历太多失败，就会停止前进的脚步。老天对待每个人都是平等的，为什么有的人会成功，而有的人却会失败呢？失败的人往往都是在为失败而找借口，不懂得如何对待失败，从而就放弃了。换种角度来看，失败何尝不是一件好事，只有失败才能让你更加清楚地看清事情的真相。才能有更大的信心再努力，去迈向成功。工作中出现问题时，因为害怕领导的批

评，会习惯性地去找客观原因，而不是从自我来检讨找原因，这其实是一种逃避，也是纵容自己失败的温床。工作中，团体精神也很重要，学会换位思考，多为对方考虑也是事半功倍的良方，也有利于看清自己的缺点，来弥补自身不足，才能离成功更近。不怕失败，怕的是不能从失败中认清自己。

但是，有很多人无法接受失败，他们认为失败是一种很不光彩的事，每当失败时他们总会为自己的失败找借口、找理由。当他们做事不顺心时，当他们学习不好时，当他们参加了各种比赛没有获奖时，就会怪罪于他人，就在为自己的失败找借口、找理由，这也是所有不成功的人的共同特征。为自己的失败找理由，而且抓着这些他们相信是万无一失的借口不放，以便于解释他们为何成就有限。

正因为他们将所有的精力与时间都花在寻找一个更好的借口上，因此，即使下一次从新开始，失败仍是必然的。

相反，那些成功人士在遇到困难时，总是在想办法解决，而不是为自己找一堆无用的借口，以借其掩饰自己的过错和失败。他们知道借口是事业成功的最大障碍，凡事要从自己的身上找原因，而不是怨天尤人。只要你能把你的能力和乐观进取的精神表现出来，就能取得你渴求的成功。

>>> 开动脑力，让努力"飞"起来

　　成功从根本上讲，是"想"出来的。只有敢"想"，会"想"，善于思考，才会是成功者的候选人。杰出人士是善于思考，把别人难以办成的事办成，把自己本来办不成的办成。当别人失败时，你如果可以从他人的失败中得出正确的想法，并付诸行动，你就可能成功。当你自己失败了，你能够转换到一个正确的想法上，再付诸行动，你同样可以获得成功。

　　如果你想要少做一些工作但仍能得到想要的东西，那么你就一定要比普通人思考的更多。当然，如果你的思考本来就是错误的，那再多的思考也无益。你所想的一定要具备高质量、积极向上并具有创造性。

　　平庸的人往往不是懒得动手脚，而是不爱动脑筋，这种习惯制约了他们的发展。相反，那些成绩优异的人无一不具有善于思考的特点，善于发现问题、解决问题，不让问题成为人生难题。可以讲，任何一个有意义的构想和计划都是出自于思考。一个不善于思考的人，会遇到许多举棋不定的情况；相反，正确的思考者却能运筹帷幄，作出正确的决定。

　　1999年，比尔·盖茨在接受中央电视台专访时谈到他作为微软公司的总裁，再也没有编写软件的时间了，但是无论多么忙，他每周总会抽两天时间，到一个宁静的地方呆一呆。为什么呢？

他说，面对繁重的工作和激烈竞争的IT市场，他作为管理者，不能把精力浪费在繁琐的小事上，他必须在专门的时间去思考，以作出具有战略意义的决策。

从上面的例子我们可以看出，成大事者不善于思考是不行的。只有专注的思考才能集聚自身的力量、勇气、智慧等去攻克某一方面的难题，才能取得良好的效果。

所有计划、目标和成就，都是思考的产物。你的思考能力，是你唯一能完全控制的东西。你可以以智慧，或是以愚蠢的方式运用你的思想，但无论如何运用它，它都会显现出一定的力量。没有正确的思考，你不可能克服坏习惯，也防止不了挫败。

一个人要成就大事，首先得先思考你的事业，思考你自己，向自己问问题。只有养成了这样的习惯，在事业的开创过程中，不断地思考自己，思考自己所做过的、正在做的和将要做的事情；不断地向自己提出问题，看一看哪些是需要弥补的不足之处，哪些是应该改正的错误之处，哪些是该向人请教的不明处……只有这样，才会不断前进，走向成功。

要养成的最有价值的习惯，就是在下决心之前，一定要对自己多发问，注意整理自己的思路。这可以让人有一次机会，来合理地整理自己的思绪，或回想自己为什么或怎样会有这种决定，这个过程虽然看起来简单，但却会在处理问题的过程中收到实效。

>>> 不钻牛角尖，脑筋常转弯

有一则脑筋急转弯这么说："一个人要进屋子，但那扇门怎么拉也拉不开，为什么？"回答是：因为那扇门是要推开的。

生活中我们有时会犯一些诸如只知拉门进屋，不知推门的错误。其中的原因很简单，就是我们有时遇事爱钻牛角尖，不会变通。有时候，周围的环境变了，我们却不知变通，还在固执一端，钻牛角尖，认死理，结果却闹出笑话来。

《吕氏春秋》里记载：楚国有一个人搭船过江，一不小心，身上的剑掉进了河里。同船的人都劝他下水去捞，但他却不慌不忙，从身上拿出一把小刀，在剑落水的船边刻个记号，有人问："做什么用啊？"他回答说："我的剑就是从这个地方掉下去的，我作个记号，等会儿船靠岸时，我就从这个记号的地方下水去把剑找回来。"船靠岸时，他就这样去找剑，结果自然没有找到。

刻舟求剑是一种刻板的、不知变通的思维方式。有时候，我们的思想就像那把剑，环境的大船已经变了，而我们的思想却原地不动，自然就犯刻舟求剑的错误。

俗话说："变则通，通则久。"只要我们学会变通，许多事情都能变不可能为可能，都能变坏事为好事。

公司招聘职员，有一道试题是这样的：

一个狂风暴雨的晚上，你开车经过一个车站，发现有三个人正苦苦地等待公交车的到来：第一个是看上去濒临死亡的老妇，第二个是曾经挽救过你生命的医生，第三个是你的梦中情人。你的汽车只能容得下一位乘客，你选择谁？

每个人的回答都有他的理由：选择老妇，是因为她很快就会死去，我们应该挽救她的生命；选择医生，是因为他曾经救过你的命，现在是你报答他的最好机会；选择梦中情人，是因为如果错过这个机会，也许就永远找不回她(他)了。

在200个候选人中，最后获聘的一位答案是什么呢？"我把车钥匙交给医生，让他赶紧把老妇送往医院；而我则留下来，陪着我心爱的人一起等候公交车的到来。"

生活中，我们也应该学会变通，学会在山穷水尽的时候转换一下心情，说不定会"柳暗花明又一村"。变通能让我们少一些郁闷，多一些开心，少一些烦恼，多一些幸福。遇事不钻牛角尖，人也舒坦，心也舒坦。

>>> 要苦干，更要巧干

我们在努力地为自己的命运打拼奋斗的同时，行事要注重寻找解决问题的方法，用巧妙灵活的方法解决问题，胜于一味地蛮干。也就是说，"苦"的坚韧离不开"巧"的灵活。

蔡亚出身在一个穷困的山村，从小家里就很困难。17岁那年，他独自一人带着8个窝窝头，骑着一辆破自行车，从小山村到离家100公里外的县城去谋生。他费了九牛二虎之力才在建筑工地上找到了一份打杂的活儿。一天的工钱是2元钱，这对他而言只够吃饭，但他还是想办法省下1元钱接济家人。尽管生活十分艰辛，但他暗暗下决心一定要出人头地。为此，他付出了比别人更多的努力。两个月后，他被提升为材料员，每天的工资加了1元钱。

靠着自己的不懈努力，他逐步站稳了脚跟。他认为：要想更多地得到大家的认可，就不能只靠苦干默默地付出，而要靠巧干来实现，以尽快得到提升。

那么，怎样才能做到这点呢？冥思苦想之后，他终于想到了一个点子：工地的生活十分枯燥，他想，能不能让大家的业余生活过得丰富一点儿呢？

想到这里，他拿出自己省下来的一些钱，买了《三国演义》《水浒传》等名著，认真阅读后，讲给大家听。这一来，晚饭后的时间，总是大家最开心的时间。每天，工地上都洋溢着工友们欢心的笑声。

一天，老板来工地检查工作，发现他有非常好的口才，于是决定将他提升为公关业务员。

一个小点子付诸实践后就能有这样的效果，他备受鼓舞。干脆，他将主动找方法的特长，运用到工作的各个方面。

对工地上的所有问题，蔡亚都抱着一种主人翁的心态去处理。夜班工友有随地小便的习惯，他便召集所有工友，苦口婆心劝大家文明如厕；一个工友性情暴躁，喝酒后要与承包方拼命，他找到那个工友动之以情、晓之以理，陈述利害平息了矛盾，使得各方都满意……

别看这些都是小事，但领导都看在眼里。慢慢地，他成了领导的得力助手。

由于他经常主动找方法，终于等来了一个创业的良机。有一天，工地领导告诉他，公司本来承包了一个工程，由于各种原因，难度太大，决定放弃。

作为一个凡事爱找方法的人，他力劝领导别放弃。领导看他充满热情，突然说了一句话："这个项目我没有把握做好。如果你看得准，由你牵头来做，我可以提供帮助。"

蔡亚几乎不敢相信自己的耳朵：这不是给自己提供了一个可以自行创业的绝好机会吗？他毫不犹豫地接下了这个项目，然后信心百倍地干了起来。不久，他便成立了自己的建筑公司，并且将事业做得越来越大。

世上没有任何事是只凭蛮干就能成功的，要加入自己的聪明才智，这样才能取得自己想要的结果。

努力想办法把自己的事做得更好，就是一种创造！厨师把菜做得更美味可口，裁缝把衣服做得更美观耐穿，建筑师盖出更舒适的房屋，司机开车更安全，作家努力写出更好的文章，都会为自己带来幸运，同时也为他人带来幸福。

>>> **方法比努力更重要**

成功固然离不开努力，但是在努力的同时我们还要讲究方法。

方法比努力更重要。成长的速度除了取决于努力、坚持、勇敢以外，更需要去选择正确的方法。也许选择了一个正确的方法，成长的速度来得比想象的更快。

有两只蚂蚁想翻越一段墙，寻找墙那头的食物。

一只蚂蚁来到墙脚就毫不犹豫地向上爬去，当它爬到大半时，由于劳累、疲倦而跌落下来。可是它不气馁，一次次跌下来，又迅速地调整一下自己，重新开始向上爬去。

另一只蚂蚁观察了一下，决定绕过墙去。很快地，这只蚂蚁绕过墙来到食物前，开始享受起来。

第一只蚂蚁仍在不停地跌落下去又重新开始。

未来世界的竞争，比拼的是人与人之间的技能竞争，因此方法训练被提高到了一个极高的地位，每个企业和个人都努力在方法训练上下工夫。结果证明，其训练效果千差万别。

训练不是为了教会被训练者某一项技能，训练是训练被训练者学会自我训练，这种方法其实不是单纯的方法论，而是认识论。

只有当你学到并悟到这些时，你才开始快速成长。

聪明地努力，好事情就会来到你的身边，大部分人都专注于他们的欲望，无所作为的工作，以至于没有时间来思考少花时间和精力的方法。过于为生计奔忙，是什么钱也赚不到的，是什么成就也不会有的。

无数的人证明了这一点，单纯地努力工作并不能如预期给自己带来快乐，一味地勤劳并不能为自己带来想象中的生活。

告诉你一个既可以多一些时间享受生活，又可以获得最佳业绩的好方法，那就是聪明地工作，而不是单纯地努力工作。聪明地工作意味着你要学会动脑。

Part8

你只需努力，剩下的交给时光

　　将成功归咎于运气的人，其实是在给自己的不努力、自卑怯懦、不敢拼搏寻找托辞。命运掌握在自己的手中，你手中握着失败的种子，也握着迈向成功的潜能。

　　相信运气，不如相信自己的努力。自助者天助，上天只拯救能够自救的人。抛开顾虑和胆怯，迈出改变命运的勇敢一步！你只需努力，剩下的交给时光。

>>> 人生不幸多半是自作自受

英国思想家洛克是一位伟大的人，他曾经写道：人的幸与不幸，多半是自作自受。这句话真实地道出了一个这样的事实：只有我们自己才能迫使自己进入不幸和自怨自艾的苦境。一旦无条件地投降而成为沮丧的牺牲品，人便背弃了自我的真正的生活，丢掉了自我的价值感，感受不到生活的真实，成为一个只有人形的空壳儿，只会感到一种内心的冷漠，一种自己对社会已毫无用处的感觉。

沮丧泄气之所以被认为是最大的不幸，因为它是一种背离真实生活的动向，是我们内心对生活产生了错觉。我们必须现在就知道如何对付自己的消极情绪，现在就发动自己成功的本能。

某位成功者曾说：一般情况下，五个人当中就有四个人不能拥有他本来应有的幸福。并且他还说：不幸感往往是心理最普通的状态。我们不愿强调拥有幸福的人是多么的稀少，但在事实上，正在过着不幸生活的人，其数字却远远超出人们的想象。

人们之所以会自己制造不幸，其主要原因是由于自己心中存有的不幸想法所致。例如，总是认为一切事情都糟糕透了，别人拥有非分之财，而我们却没有得到应得的报酬，等等。

此外，不幸的想法往往会把一切怨恨、颓丧或憎恶的情绪深深地埋藏在心底，于是不幸的程度将日益加深。人们自己制造不幸时是因为自己内心的骚动，而与外界无关。

在我们的四周正充满了这些正在为自己制造不幸的人。严格说来，这种情况实在值得人关注，因为，那些足以破坏我们幸福的外在条件或因素已经太多，如果我们还在自己的心中制造不幸的话，那么，真可以说是不幸至极。

世界上没有一个人会因烦恼而获得好处，也没有人会因烦恼而改善自己的境遇，但烦恼却有损于人的健康和精力，会毁灭生活和幸福。

一个把大量的精力和时间都耗费在无谓的烦闷上的人，不可能全部发挥他固有的能力，只能落得一个庸庸碌碌的境地。烦恼这个东西会泄漏一个人的精力，阻碍一个人的志向，减弱一个人真正的力量，并损害他的健康。

毫无疑问，对于任何人而言，幸福是最基本的欲望之一。然而，幸福必须是争取来的。赢得它也并不十分困难，凡是想要得到它的人、具有这种志向的人、知道正确方法的人，都能成为幸福的人。

>>> 有些人生，猜不出结局

我们来看一位伟大人物的传奇人生。

他从大学退学，做过厨师，卖过家具，种过地，几乎想干什么就干什么。

第二次世界大战期间，31岁的他服务于英国情报局，做了几年间谍。

他一生建立庞大、过硬、复杂的人脉，通天入地，无所不能。他与美国国防部部长称兄道弟，与纽约的著名律师、名报总编经常把酒言欢。

38岁时，一无文凭二无经验的他，以6 000美元起家，创办了全球最大的广告公司，年营业额达数十亿美元。

虽然没进修过广告专业和广告心理学，他却设计了无数脍炙人口的广告词，至今仍在使用。

患有先天性哮喘病，被医生断定活不过40岁的他，88岁才去世。

最后他送人一句话："永远不要把财富和头脑混为一谈，一个人赚多少钱和他的头脑没有多大关系。"

这位传奇人物，他的人生真够传奇的。从他一生所取得的成就，我们会不知不觉地把这个人看成非常人所能企及的天才？一个患有先天性疾病，大学没毕业，混迹社会各个阶层，38岁才真正做点事，靠6 000元起家，把公司经营成同行业全球最大的公司的人，可以说，前无古人，后无来者。他的名字叫做大卫·奥格威，奥美广告公司创始人。

我们把38岁之前的大卫·奥格威和38岁之后的奥美广告公司创始人所有事迹一一对照，找不到一点必然性，也无法解释没有耐心的人如何缔造一个庞大的跨国集团公司，更解释不了患有先天性哮喘病的人怎么能活到88岁，同样解释不了一个对什么都充满恐惧的人如何能做几年间谍，智商不高的人为什么会有惊人的智慧。

我们解释不了的事，大卫·奥格威却用自己的行动证明了这就是铁铮铮的事实。

也许有人说大卫·奥格威的成功是一个个例，他的成功不可复制。那么，我们看看他的以前，是个例吗？我们仅从他的前半生，敢断言这个人能成功吗？恐怕一点成功人士的影子都找不到。

他后半生取得的成就与他前半生的行为有必然的联系吗？恐怕不存在。在他的前半生找不到决定后半生的因素。

万事万物都存在着一定的规律，惟独我们的人生却充满变数。一位哲人说："人生永远不变的法则就是改变。"有位著名的人类学家说："任何人的命运都是不可估量的。"

我们的人生只有两万多天，每一天的我们却因选择的不同而不断变化。今天也许是一个乞丐，明天可能就成为富翁；今天不可一世的权贵，明天可能就是阶下囚。看来一个人的人生不可预测，也不能预测，用一句话概括，那就是一切皆有可能，一切尽在把握。

所以说，不论我们过去做错了什么，今天遇到了什么不幸，都不要过多地关注它。这些发生过的不幸，都是用来让我们改变的。

>>> 相信运气，不如相信自己的努力

我们有幸来到这个世界，取决于大自然的恩惠。大自然造人时赋予了每个人与众不同的特质。在生活中，没有谁的基因会和你完全相同，也没有谁的性格会和你丝毫不差。每个人都以自己独特的方式来与他人交往，进而影响别人。你有权活在这个世上，而你的生命和人生存在的意义和价值，任何人无法取代，因此，你应该相信自己。

一个人可以出身卑微，家境贫寒，可以学识浅薄，其貌不扬，可以遭遇困境，失去人生的方向，但有一样东西你绝不可以缺少，那就是自信。自信是一种无形的力量，它支撑着你的生命，帮助你战胜自我，创造奇迹；它滋润着你的生活的方方面面，帮助你事业腾达，收获爱情。

我们都知道自信对于一个人成功的作用至关重要，但更多时候，我们很难做到坚持自己。我们总是在别人否定自己之后，开始怀疑自己，直到否定自己。例如，你今天决定干一件事，有人对你说，"不好做，那太难了"。也许你会马上放弃，连尝试的勇气都没有。又比如，你选择了一个女朋友，但因为父母的反对，就决定放弃，重新找一个。就这样，我们总是在能够做主的事情上犹豫不决。

我们常常相信别人的运气，却从不给自己一个努力的机会。

如果我们在众多的否定声中怀疑自己，从而停滞不前，那么失败是必然的。当这种失败被我们误认为是自己无能的证据时，消极的情绪和思想就会加重。反之，如果我们在心里一直不停地告诉自己："我行，我一定行。"终究有一天，我们取得的哪怕是一点小小的成功，都会使我们的自信心倍增。而当我们以更大的自信去奋斗时，必然会取得更大的成就。

所以，你是不是天才不要紧，关键是你要相信自己是天才；你是不是成功人士没关系，关键是你要相信自己终有一天会有所作为。

>>> 机遇是上天对努力的赏赐

　　一个人等待机遇以至于成为一种习惯，真是件很可怕的事。工作的热情与精力，就在等待中逐渐消磨。那些不肯工作而只会胡思乱想的人是根本看不到机遇的，只是那些勤恳工作、奋发向上的人，才有看见机遇的可能。

　　北京小伙子张骥刚满29岁就被美国第七大计算机厂商Micron看中，出任Micron电子公司北京代表处首席代表——中国区总经理。这在年轻领导居多的计算机行业也是令人称奇的事。而在此之前，张骥不过只是该公司驻北京办事处的一名普通员工，更不利的是，Micron公司正准备撤销在中国的这家办事处。运气好像从天而降，1999年11月，在何去何从的关口，公司总部召他去开会。

　　张骥提着笔记本电脑就上了飞机，对于与会人员、会议内容他一无所知。在飞机上他一直在琢磨，仔细研究了Micron近两年的年度报告，10多个小时之后，当飞机抵达机场的时候，他已经做出了Micron公司在中国两年内的发展计划。对张骥来说，这份计划的完成，仅仅源自于平时养成的喜欢积累心得体会的习惯，他总认为即使和别人做同样的事情，也要比别人从中多收获一点，对于做过的事情总要留下点什么。

　　谁也没想到，会前5分钟，张骥被要求当着Micron公司的所有海外分公司总经理和Micron公司总裁的面发言！这次突然袭击的结果是他改变了年收入60亿美元的公司的决策，也给自己带来了新的机遇。公司决定不仅不撤销这个办事处，而且还要加强在中国的发展，并对张骥委以重任。

这则故事告诉我们，在平常的生活中，也许已经有许多机遇在等待着我们。或许机遇就在眼前，或许在你的问题当中，就隐藏了一个机遇，然而，你却一直忽略了它们。关键就在于你没有做好抓住机遇的准备。你不妨从身边开始，努力行动，找寻下一个成功的机遇，或是掌握住现在的机遇，把它做到最好。

机遇给人们提供了成功的机会，可是，成功的人，未必就与他人有多大不同。若是非要寻找什么不同的话，那就是他们会比常人勤勉努力，更加专心致志地把每一件事做好。

有的人一味地把自己的不如意归结为"运气不行"，这只是给自己的疏懒找借口。机遇偏爱那些有准备的头脑。机遇从来不是等来的，是靠自己的努力争来的，用心做好每件事，才可能在机遇面前胸有成竹，取得成功。所谓机遇，不过是上天对努力的赏赐。

>>> 发牌的是上帝，出牌的是你

生命中总有太多的无可奈何，这一切仿佛都是命运与我们开的玩笑。但与其无谓地抱怨不幸、嗟叹痛苦、逃避现实，不如自己做自己的救世主，给自己的人生一个承载力。对生命的热爱与希望，对人生的认知与把握，对自我需求的正确追求，足以承载生活带给我们的种种压力。别忘了，命运只负责洗牌，玩牌的还是我们自己。

世界流行音乐天王迈克尔·杰克逊走了，上万人参加他的追悼会，全世界无数歌迷为他祈祷。尽管他出身贫民，却走出了阶层和肤色的羁绊，在音乐的舞台上演绎出了自己的精彩。

在生活的舞台上，我们都是主角，如果能克服种种困难，我们也会演绎出自己的美丽。贝多芬的经历为我们年轻人做了楷模。

经过多年的勤学苦练，青年贝多芬逐渐成长为一名优秀的音乐家，创作了数以百计的音乐作品。但从1816年起，他的健康状况越来越差，后来耳病复发，不久就失聪了。作为一个音乐家，失去了听觉，就意味着将要离开自己喜爱的音乐艺术，这个打击对贝多芬而言简直比判了死刑还要痛苦。

可贝多芬并没有因此放弃自己喜欢的艺术，他开始了与命运的抗争。除了作曲外，他还想担任乐队指挥。结果在第一次预演时弄得大乱，他指挥的演奏比台上歌手的演唱慢了许多，使得乐队无所适从，混乱不堪。当别人写给他"不要再指挥下去了"的纸条时，贝多芬顿时脸色苍白，慌忙跑回家，痛苦得一言不发。

在困境中，贝多芬没有自暴自弃，他以极大的毅力克服耳聋带给他的困难。耳朵听不到，他就拿一根木棍，一头咬在嘴里，一头插在钢琴的共鸣箱里，用这种办法来感知声音。这样，他不仅创作出了比过去更多的音乐作品，还能登台指挥演出。

1824年的一天，贝多芬又去指挥他的《第九交响乐》，博得全场一致喝彩，一共响起了五次热烈的掌声。然而，他丝毫没有听到，直到一个女歌唱家把他拉到前台时，他才看见全场观众纷纷起立，有的挥舞着帽子，有的热烈鼓掌，这种狂热的场面，让贝多芬激动不已。

1827年3月26日，贝多芬在维也纳病逝。他一生创作了9部交响乐，其中尤以《英雄交响乐》《命运交响乐》《田园交响乐》《合唱交响乐》最为著名，此外还有32首钢琴奏鸣曲，以及大量的钢琴协奏曲、小提琴协奏曲等。他一生为音乐的繁荣发展作出了巨大贡献。

贝多芬以一生的波澜壮阔，传达着这样一句撼天动地的宣言："我将扼住命运的咽喉，它绝不能使我屈服！"

在今天，世界上有太多的人只不过是玩偶，根本不是自己命运的主人。"我家里太穷、我学历不高、没人帮我一把、这太困难了……"勇敢一些，发挥自己的潜能，尽自己最大的努力做好每一件事情，你完全可以粉碎这些妨碍成功的借口！

>>> 幸运，就是把坏牌打成好牌

艾森豪威尔是美国第34任总统，他年轻时经常和家人在一起玩纸牌游戏。

一天晚饭后，他像往常一样和家人打牌。这一次，他的运气特别不好，每次抓到的都是很差的牌。开始时他只是有些抱怨，后来他实在是忍无可忍，便发起了少爷脾气。一旁的母亲看不下去了，正色道："既然要打牌，你就必须用手中的牌打下去，不管牌是好是坏。否则好运气是不可能都让你碰上的！"

艾森豪威尔听不进去，依然愤愤不平。母亲于是又说："人生就和这打牌一样，发牌的是上帝。不管你的牌是好是坏，你都必须拿着，你都必须面对。你能做的，就是让浮躁的心情平静下来，然后认真对待，把自己的牌打好，力争达到最好的效果。这样打牌，这样对待人生才有意义！"

此后，艾森豪威尔一直牢记母亲的话，并激励自己去积极进取。就这样，他一步一个脚印地向前迈进，成为中校、盟军统帅，最后登上了美国总统的宝座。

的确，上帝发给我们的牌总是有好有坏，一味埋怨自己命运不佳，抱怨自己出身平凡，是没有半点用处的，是无法改变现状的。

曾任印度总统的尼赫鲁也曾经说过这样一句话："生活就像

是玩扑克，发到的那手牌是定了的，但你的打法却取决于自己的意志。"潜意识训练大师苏埃尔·皮科克也说过："成功人士始终以最积极的思考，积极而主动地认识自我，用最乐观的精神和最成熟的经验，支配和控制自己的人生。"一个人所处的地位与环境，并不能确保他的将来。因此，对于某个目标，除非你心中"决定"自己想把它实现，并具有实现它的充分信心，否则，任何目标都只能是"水中圆月"。只要有了对于人生目标的决心和信念，那么，获取未来的幸运，就是轻而易举的事情。

俗话说："人生如戏，戏如人生。"欣赏一场戏，你是用一种乐观的态度，还是用一种悲观的态度，所得的结果是截然不同的。

>>> 抛开顾虑，让不可能成为可能

妨碍我们走向成功的因素之一便是我们想要做事情时的顾虑心理。我们有时害怕我们最初的想法，它可能既珍奇可贵，又荒诞不经。毫无疑问，一个未经尝试的想法要执行起来是需要一定勇气的，然而往往正是这种勇气会产生出最壮观的结果。没有胆识，做事情便会犹犹豫豫、难成大器。改变命运，要从增加勇气开始。

有位伟人说："天下并无做不成的事，只有做不成事的人。"的确，人生中的许多事情我们是能够做到的，只是我们不知道自己能做到。如果我们尝试并坚持做下去，就一定能够做到，而且一定会做好。成就伟大事业的人，往往并非那些幸运之神的宠儿，而是那些将"不可能"和"我做不到"这样的字眼儿，从他们的字典中连根拔去的人。

1985年6月3日至8月15日的两个半月间，大阪一位52岁的牙科医生木村一介先生，驾驶一艘游艇，实现了他儿时横渡太平洋的梦想。

木村一介从小在海边长大，对浩瀚的大海有着深厚的感情。在他幼小的心灵中，大海是非常神秘的，从那时起，他就有了一个美丽的梦想，长大成人后，要自己开着船横渡太平洋。木村一介的父亲在他上中学二年级时，因病去世了，而辛劳的母亲不久

前因意外的交通事故也离开了他。1985年，已成为一名出色的牙科医生的木村一介突发奇想地想完成自己儿时的梦想——横渡太平洋，众人的劝阻并没有让他有丝毫的犹豫，他果断地在自己的牙科诊所挂上"今日休诊"的牌子，开始了大阪—旧金山的行程。

木村一介虽然有12年驾驶游艇的经验，但一个人横渡太平洋并非想象中那么容易，那是充满艰辛与恐怖的。波涛和风浪忽地袭来，浪头高达10米，最大风速30米，游艇就如同一片树叶般翻腾在怒涛汹涌中。木村一介在狭窄的船舱内左右摇晃，进入暴风圈，他连睡个觉都没办法，度日如年般地过着每一分钟。无线电也不通，有时甚至长达一星期无法通讯。经常在第二天清晨醒来时，他会庆幸道："啊！我今天还活着！"

6月22日——如日本的梅雨般下着毛毛细雨，情绪很差。

7月4日——经过第二次世界大战日本与美国战争所在的中途岛，默默祈祷。

7月15日——昨夜，好几次梦见母亲而醒来。开始刮大风了。

7月19日——海豚家族来了又离去。下午，信天翁也来玩耍。

7月26日——波光粼粼有如萤火虫的光芒，划破水光前行。

终于到了8月15日，可以看见笼罩着云雾和彩霞的金门桥。"成功啦！成功啦！旧金山到了！我终于成功地横渡太平洋啦！"那一瞬间，木村一介情不自禁地大叫起来。

木村一介终于成功地实现了他儿时美丽的梦想，这与他绝不放弃自己梦想、坚持不懈的努力是分不开的，但更与他不顾52岁的年龄，也不顾横渡太平洋的艰辛和恐怖，毅然抛开顾虑、立即行动的精神有关。

盖伦·利奇费尔德今天已经是亚洲最重要的美国商人之一，他说，他的成功应归功于这种分析顾虑、正视顾虑的方法。我们为何不马上利用盖伦·利奇费尔德的方法来解决顾虑呢？你可以记下下面的问题：

第一个问题——你担忧的是什么？

第二个问题——你能怎么办？

第三个问题——你决定怎么做？

第四个问题——你什么时候开始做？

你一旦很确定地作出一种决定后，50％的顾虑就消失了；按照决定去做之后，可以消失40％。也就是说，采取以上四个步骤，就能消除掉90％的顾虑。

未来是不可知的；唯其不可知，所以需要人以极大的勇气与智慧向前迈进。人类文明的

进展，正以勇气为其动力。

>>> 王者信念造就王者命运

自信是战胜挫折和不幸的法宝，面对逆境，我们首先必须展现强烈的自信和必胜的精神。

以自信的心态自居的人，以胜利者心态生活的人，以征服者心态傲行在世界上的人，与那种以缺乏自信、卑躬屈膝、唯命是从的被征服者心态生活的人相比，他们的人生路将会有天壤之别。

拿破仑兵败被流放到一个小岛上，从那逃出来后，国王又派人去抓他，拿破仑的几个贴身随从看到那些国王的士兵已经近在眼前，都劝他快跑，而拿破仑却说："我是他们的元帅，他们都是我的部下，我不跑。"拿破仑不仅没有逃跑，反而表现出了非凡的自信，还以元帅的气度去命令指挥他们，结果那些士兵反而倒戈跟随他回去打国王了。

世人都会青睐那种极具自信且有胜利者气度的人，总是喜欢那种给人以必胜信心并总是在期待成功的人。

令人信服和给人以充满活力形象的正是我们身上那种神奇的自我肯定的力量。如果你的心态不能给你提供精神动力，那么，你就不可能在世上留下一个自信者、积极者的美名。一些人总是奇怪自己为什么在社会中如此卑微，如此不值一提，如此无足轻重。其中的原因就在于他们不能像自信者、征服者那样去思考，去行动。他们没有自信者、胜利者或征服者的心态，他们总给人以软弱无力的印象。要知道，思想积极的人才富有魅力，思想消极的人则使人反感，而胜利者总是在精神上先胜一筹。

还有一些人往往给我们留下这种印象，虽然他们没有取得成功的十分把握。但他们却能凭借其非同寻常的自信与积极良好的心态，而能够超常发挥，出奇制胜。

每个人都要充分肯定自己。你认为自己是怎样的人，就会有怎样的表现，这两者是一致的。你觉得自己是个有价值的人，结果你就会变成有价值的人，做有价值的事。

>>> 上帝只拯救能够自救的人

西方有句谚语说得好："上帝只拯救能够自救的人。"

成功是每一个人的梦。这个梦与生命同在，至死方休。按照弗洛伊德的理论，人生来就有"做伟人"的欲望，"做伟人"其实就是成功的集中表现。一些心理学家经过研究，也得出一个相似的结论：不论民族、文化、历史、家庭、性别和年龄，人天生就有爱受赞美、喜爱被人尊重的强烈愿望和倾向。这是"人"的共性。因此，可以这么说，成功的渴求与生俱来——因为，成功是获得赞美与尊重最有效的途径。

芸芸众生，每个人都有权利和机会享受生命，但并不是每个人都能够安享成功与幸福。有的人比较顺利地获得极大成功，创造自己灿烂的人生。有的人终其一生也不能获得较大的成功。这其中原因很多，情况各异。有些人不能走向成功，不是因为他们无知，也不是因为他们害怕困难，害怕吃苦，不肯吃苦，更不是因为他们身处恶劣环境而埋没才能，而是因为这些人缺乏自信，不相信自己能有更好的成就，最终真的让他们不能成功。

建立自信还要善于学习。研究表明，人的脑细胞相差不多，人的智力水平也相差不多，后天的努力非常重要。艺高人胆大，能者品自高！缺乏自信往往和一个人的知识储藏、自身能力有关。中国的造字先人创造的"怕"字，是"心白"的会意，何为心白？肚子里无货也！多多注意学习吧，这会逐步增强你的自信心！

人生似一杯清茶，只有学会品味，才能体会她的清香；人生似一束鲜花，只有敢于观赏，才会看到她的美丽；人生似一场旅途，只有勇于亲身经历，才能体会到她的真谛。拿出你的自信开始行动吧，行动中，你的能力会不断提高，你的自信心会不断增强，行动中你距离成功就会越来越近！

人有自信，能让自己在平凡的工作中树立远大的目标，胸怀美好的梦想，敢于向命运挑战，敢于去做事情，敢于向困难挑战，敢于冒一定的风险。当机会来临时勇于抓住机会，努力向着自己的目标步步迈进，最终使不可能成为可能，使可能成为现实。

Part9

你的努力，终将成就幸运的自己

　　成功之路从来不是一帆风顺的，通往天堂的台阶是由挫折组成的。面对挫折和逆境，你是选择继续前行还是泄气后退，是拼命坚持还是轻言放弃？

　　成功者永不放弃，放弃者永不成功，幸运之神只垂青坚持到最后一刻的人。越努力，越幸运。你的努力，终将成就幸运的自己。

>>> 成功四字诀：永不放弃

丘吉尔一生最精彩的演讲，也是他最后的一次演讲。在剑桥大学的一次毕业典礼上，整个会堂有上万个学生，他们正在等候丘吉尔的出现。正在这时，丘吉尔在他的随从陪同下走进了会场并慢慢地走向讲台，他脱下他的大衣交给随从，然后又摘下了帽子，默默地注视所有的听众，过了一分钟后，丘吉尔说了一句话：永不放弃。

丘吉尔说完后穿上大衣，带上帽子离开了会场。整个会场鸦雀无声，一分钟后，掌声雷动。

成功就是永不放弃！永不放弃有两个原则，第一个原则是：永不放弃。第二个原则是当你想放弃时回头看第一个原则：永不放弃！

成功者与失败者并没有多大的区别，只不过是失败者走了九十九步，而成功者走了一百步。失败者跌下去的次数比成功者多一次，成功者站起来的次数比失败者多一次。当你走了一千步时，也有可能遭到失败，但成功却往往躲在拐角弯后面，除非你拐了弯，否则你永远不可能成功。

在现实工作之中，往往有许多人对失败的结论下得太早，遇到一点点挫折就对自己的工作产生了怀疑，甚至半途而废，那前面的努力就白费了。惟有经得起风雨及种种考验的人才是最后的胜利者，因此，如果不到最后关头就决不言放弃，永远相信：成功者永不放弃，放弃者永不成功！

在人生事业的路途上，当我们遇到挫折时，或感叹自己命运不济时，最明智的选择就是坚持。哪怕这坚持的道路是多么漫长和崎岖，都不要轻易放弃。困难面前要告诉自己：坚持、再坚持、不要放弃，绝不能放弃！暴风雨过后就会有彩虹！用坚持这种信念给自己力量，等待暴风雨的结束。这样，坚持到别人都坚持不了的时候，自己坚持下来了，就成为最后的成功者。绝不要轻言放弃，否则可能会造成终身遗憾。

成功的秘诀就在于永不放弃。没有永不放弃的坚持，成功就不会到来。

>>> 努力拼搏，叩响幸运的大门

　　不管做什么事，只要放弃了就没有成功的机会；不放弃就会一直拥有成功的希望。如果你有99%想要成功的欲望，却有1%想要放弃的念头，那么是没有办法成功的。

　　青年农民达比卖掉自己的全部家产来到科罗拉多州追寻黄金梦。他围了一块地，用十字镐和铁锹进行挖掘。经过几十天的辛勤工作，达比终于看到了闪闪发光的金矿石。继续开采必须有机器，他只好悄悄地把金矿掩埋好，暗中回家凑钱买机器。

　　当他历尽千辛万苦弄来了机器继续进行挖掘时，却遇到了一堆普通的石头，达比认为：金矿枯竭了，原来所做的一切将一钱不值。由于他难以维持每天的开支，更承受不住越来越重的精神压力，只好把机器当废铁卖给了收废品的人，"卷着铺盖"回了家。

　　收废品的人请来一位矿业工程师对现场进行勘察，得出的结论是：如果再挖三尺就可能遇到金矿。收废品的人按照工程师的指点，在达比的基础上不断地往下挖。正如工程师所言，他遇到了丰富的金矿，获得了数百万美元的利润。达比从报纸上知道这个消息气得顿足捶胸，追悔莫及。

　　也许你离成功只有一步之遥，只要你再坚持一下，你就可以叩响成功的大门。但如果此时停住前进的脚步，就意味着你与成功失之交臂了。

现实生活中，也有很多为理想为事业奋斗的人，他们往往离成功只有一步之遥却停止了脚步，面对失败与困难，他们气馁了、放弃了，功亏一篑，功败垂成，这是多么令人痛心与惋惜呀。

但是有更多的勇者选择了不抛弃，不放弃，他们最终走向了成功。他们都在艰难困苦中坚持自己的理想，不达目的誓不罢休。爱迪生发明电灯的时候，曾经实验过上千种灯丝材料，最后才找到了钨丝而成功。试想要经历这成百上千的失败，又需要多么坚韧执着的精神意志啊。

成功本身并不难，难的是成功之前面对失败的精神品质。人生犹如一场搏斗，敢于搏斗的人，才可能是命运的主人。在山穷水尽的绝境里，再搏一下，也许就能看到柳暗花明；在冰天雪地的严寒中，再搏一下，一定会迎来温暖的春风。

>>> 始终立于不败之地

　　沃克林是一个农民的儿子。他从小家境贫寒，但聪明好学，上学时常受到老师的赞赏。老师常对沃克林这么说："努力吧，孩子，总有一天，你会像教区委员一样尊贵的。"一位乡村药剂师欣赏沃克林强壮的胳膊，答应给他提供一份捣碎药片的工作，但这位药剂师不允许他勤工俭学，热爱学习的沃克林毅然辞去了这份差使，背上书包离开家乡去了巴黎。在巴黎，他想找到一份药剂师侍童的工作，结果没有找到，后来疲劳和贫困折磨得他病倒在街头，正当他断定自己必死无疑时，一位过路的好心人把他送到了医院里。他康复后，继续去找工作。皇天不负有心人，他终于找到了一个药剂师。后来，著名化学家福克罗伊听说了这个年轻人的事迹，他非常喜欢这个勤奋好学的小伙子，就把他带在身边，使他成为自己的得力助手。多年以后，福克罗伊去世了，沃克林作为化学教授继承了他的事业。他衣锦还乡回到了阔别多年的、曾有过不堪回首的童年的家乡。

　　莎士比亚说："与其责难机遇，不如责难自己。"这就是人生的基本课程。我们只要仔细回顾一下身边的大量实例，就会发现人的素质在改变命运时所起的作用。

　　大学毕业时老教授问了学生这样一个问题：

　　"当狂风暴雨来临，泥石流滚滚而下的时候，你正好站在一座大山脚下，这时你是向风雨猛烈的山顶跑呢，还是迅速向平坦的洼地撤退？"

"当然是向平坦的洼地撤退了。"学生们不加思索地回答。

"错。"老教授平静地说。接下来，老教授讲的话让同学们恍然大悟。

如果向平坦的地方跑，你跑得再快也不可能快过山洪暴发引起的那一泻千里的泥沙石块，这些泥沙石块随时都有可能将你悄无声息地埋没。

如果你继续向山顶攀登，向上跋涉，虽然这样很缓慢，但至少山顶是没有泥石流的，这样你就少了一份危险，你等于是在为自己创造一个安全的环境，是在一步步地向生的希望迈进！

教授想教给学生的哲理是：不论在什么情况下，不管是什么样的困境，你都要迈向风雨。有时看起来比较难做的方法往往又是成功的捷径。

我们生活在竞争如此激烈的社会中，每个人都想要功成名就、出人头地。但是，多少成功和失败的经验教训证明，在通向人生巅峰的道路上，要战胜的不是别人，而是自己。那个经常使我们受伤的强大的敌人，深深地隐藏在我们自己的心中！

在不断的奋斗与拼搏中，只有首先培养第一流的心理素质，才能战胜灵魂深处所有的弱点，始终立于不败之地。

>>> 不经历风雨，怎能见到彩虹

胜败乃兵家常事。在人生的征途上，从起点到终点，迎接我们的既有鲜花和阳光，也有荆棘和阴霾，如果我们因为害怕挫折、害怕失败而放弃尝试，那么永远也不可能成功。

失败如同新鲜空气中夹杂的沙子，如果你因为害怕沙子而关掉窗户，那么你永远也得不到新鲜空气。想赢就不要怕输，输并不可耻，相反倘若能正确地看待失败，并从中总结出经验和教训，才能离成功更进一步。

亚伯拉罕·林肯是美国第16任总统，也是世界历史上最伟大的人物之一。他的一生是不平凡的一生，从他的人生经历中我们可以深刻地体会到他的人生格言："要想成功就不怕失败。"

1809年2月12日，林肯出生在肯塔基州哈丁县一个清贫的农民家庭中，为了谋生，年轻的林肯走上了从商的道路，不料22岁那年，他生意失败，损失惨重。于是1982年，林肯应征入伍，退伍后，当地居民推选热心公务活动的林肯为州议员候选人，但是他的初次竞选没有成功。于是他再次走入商业，可惜的是由于投资失败，他的生意再次以失败告终。不过这些都没有让年轻的林肯心灰意冷，他利用闲暇时间大量阅读历史和文学书籍，希望通过自我提高而有机会能够再次竞选州议员。工夫不负有心人，由于他对公众事业的热心，以及他精彩的政治演说，终于在1834年被选为州议员。

然而，就在他的事业刚刚有所抬头的时候，他的未婚妻去世，带给他巨大的伤痛。林肯在其27岁那年精神崩溃，不得不在家休养。29岁那年，林肯参加州议长竞选，由于准备不充分等原因，这次竞选失败。34岁那年，林肯参加国会议员的竞选，依然以失败告终。

事隔3年，林肯再次参加国会议员竞选，3年前的失败给了他准备方向和竞选的经验，这一次他成功了。然而，在连任国会议员的大选中，林肯又惨遭失败。

共和党成立以后，林肯加入并在1856年参加了共和党的副总统候选人竞选，他坚持奴隶制应该废除，但必须通过和平的方式来废除。他的这次竞选虽然没有成功，但大大扩大了政治影响，为他将来的政治旅途铺平了道路。经过数年的坎坷的探索，1860年，林肯成为共和党的总统候选人。同年11月，选举揭晓，林肯以200万票当选为美国第16任总统。遥想他之前的政治生涯，历经过多少次失败，才有了今天的成功。可以说，是一种神秘的力量将林肯从小木屋推向了白宫，而这种神秘的力量就是不服输的精神。

马克思曾高度地评价过林肯："他是一个不会被困难所吓倒，不会被失败所挫败，不会被成功所迷惑的人。他不屈不挠地迈向自己的伟大目标，而从不轻举妄动，他稳步向前，而从不倒退。"

对于我们普通人也是如此，我们不应该害怕失败，失败并不是说明你不行，而是在你成功的道路上对你的锻造。哪一块金子不是通过千锤百炼才出炉的呢？人的一生，不是随随便便就能成功，谁不是经历了风雨才能见到彩虹的？事业的失败，婚姻的失败，学业的失败都算不了什么，这些或许都是为了你人生的成功而不得不经历的锻造。记住，无论在哪输了，就要在哪爬起来，继续前进。如果害怕失败而驻足，那么永远也看不到美好的终点。

>>> 于绝望中挖掘出希望来

在卓越者的字典里，是从来没有"绝望"一词的，因为他们不会轻易地否定自己，只知道等待自己的终将是希望，即使许多事情似乎已经到了绝望的边缘，他们也会再拼搏一下，为自己努力地挖掘希望。

这里有一个放牛娃绝处逢生的故事，它告诉人们即使在最绝望的时候也要扼守住最后的希望，并去做最后的拼搏和冒险，这样，就会多给自己一次机会。说不定，会因此而获得一个崭新的人生。

一天，放牛娃上山砍柴，突然遇到老虎袭击，放牛娃吓坏了，抓起镰刀就跑。然而，前方已是悬崖！老虎却在向放牛娃逼近。为了生存，放牛娃决定和老虎决一死战。就在他转过身面对张开血盆大口的老虎时，不幸一脚踩空，向悬崖下跌去。千钧一发之际，求生的本能使放牛娃抓住了半空中的一棵小树。这样就能够生存了吗？上面是虎视眈眈、饥肠辘辘的老虎，下面是阴森恐怖的深谷，四周到处是悬崖峭壁，即使来人也无法救助。吊在悬崖中的放牛娃明白了自己的处境后，禁不住绝望地大哭起来。

这时，他一眼瞥见对面山腰上有一个老和尚正经过这里，便高喊"救命"。老和尚看了看四周的环境，叹息了一声，冲他喊道："本人没有办法呀，看来，只有你自己才能救自己啦！"

放牛娃一听这话，哭得更厉害了："我这副样子，怎么能救自己呢？"

老和尚说："与其那么死揪着小树等着饿死、摔死，不如松开你的手，那毕竟还有一线希望呀！"说完，老和尚叹息着走开了。放牛娃又哭了一阵，还骂了一阵老和尚见死不救。天快要黑了，上面的老虎算是盯准了他，死活不肯离开。放牛娃又饿又累，抓小树的手也感到越来越没有力量。怎么办？放牛娃又想起了老和尚的话，仔细想想，觉得他的话也有道理。是啊，这么下去，只能是死路一条，而松开手落下去，也许仍然是死路一条，但也许就会获得生存的可能。

于是，放牛娃停止了哭喊，他艰难地扭过头，选择跳跃的方向。他发现万丈深渊下似乎有一小块绿色，会是草地吗？如果是草地就好了，也许跳下去后不会摔死。

他告诉自己："怕是没有用的，拼了！这样做才能获得生存的希望。"他咬紧牙关，在双脚用力蹬向绝壁的一刹那松开了紧握小树的手。身体飞快地向下坠落，耳边有风声在呼呼作响，他很害怕，但他又告诉自己绝不能闭上眼睛，必须瞪大眼睛选择落脚的地点。奇迹出现了——他落在了深谷中唯一的一小块绿地上！

后来，放牛娃被乡亲们背回家养伤。2年以后，他又重新站立起来！

放牛娃用自己的经历告诉人们，绝处也能逢生。只要你不放弃希望，不放弃努力，就有可能获得重生的机会。

不要轻易地就对生活绝望，把灾难当做一所学校，把逆境当

成营养，敢于为自己冒一个大险，结果可能是你抓住了机遇，营
造了生命的春天。

怀有勇敢的拼搏精神，不对命运屈服，不承认世界上有绝望
之说，始终扼守着最后的希望，于绝望之处挖掘出希望来。这是
许多人做事成功的秘诀。

>>> 你是"世界上最幸运的人"

克罗地亚的塞拉克一生中经历过7次大难、4次失败婚姻，可以说是世界上最倒霉的人了。

塞拉克所经历的人生第一次灾难是1962年。当时他正坐火车从萨拉热窝到杜布洛夫尼克去，火车行驶在半路上时发生了意外，快速行进中的火车出了轨，陷入一条冰冻的河流。17名乘客溺水而死，塞拉克的一只胳膊碰断了，身体部分擦伤，体温降到很低水平，但他仍艰难地爬上了岸。

一年以后，塞拉克乘坐一架DC-8型飞机从萨格勒布到里耶卡去，这次又遇上了意外事故。飞机的舱门被强风吹开，机上大部分乘客被强大的气流吸了出去，塞拉克也未能幸免。19人被摔死，但塞拉克最后却"降落"在一座干草堆上，再次躲过了一劫。

1966年，塞拉克在斯普利特所乘坐的一辆巴士汽车翻入一条河里，致使4人丧生。塞拉克爬到车外，游到安全的地方。除了身上部分地方有擦伤、划伤之外，他的健康根本没有什么大碍。

塞拉克所遭受的第4次大灾发生于1970年。当时他正开车沿着一条高速公路行驶，不知怎么回事，他的车子突然起火了。没有多想，他便赶忙钻出车外，迅速离开了出事的汽车，几秒钟后，汽车的油箱爆炸了。

经历过以上4次大难而不死后，朋友们开始称呼他为"幸运先生"，他表示："对这个问题可以有两种不同的看法，我要么是世界上最倒霉的人，要么是世界上最幸运的人，我喜欢相信后一种观点。"

三年后，塞拉克在一次事故中丢掉了大部分头发。那时候，他开的是一辆"沃特伯格"汽车。有一天，汽车的燃油泵出了点毛病，他正低头检查时，燃油泵喷出的汽油浇在了烧得正热的发动机上，火苗通过发动机的气孔立即窜了起来，他躲闪不及，头发被烧掉了大部分。

1995年，第6次变故来临了。他在萨格勒布被一辆巴士汽车给撞倒在地上，不过还好，他只是受了点轻伤，休克了一会儿。第二年，他自己开车在山区行驶，车到一处山角转弯时，一辆联合国工作人员乘坐的汽车迎面开了过来。情急之下，他把自己开的斯科达汽车往山崖边上的交通护栏上开去，车子越过护栏开始向下坠去，塞拉克在最后一刻跳出了司机座位，落在悬崖上的一棵树上，他的车在他身下300英尺深的山谷里爆炸了。

据塞拉克自己讲，他先后结过4次婚，但每次都以失败而告终。塞拉克表示，"我的婚姻和我经历的大灾大难一样，对我来说也都是灾难。"

可2003年发生的一件事情让他成了"世界上最幸运的人"。40年来从未买过幸运彩票的他买了有史以来的第一张乐透彩票，结果他竟中了头奖！这使得他一下子得到60万英镑的巨额奖金。

这位从"最不幸运的人"变为"世界上最幸运的人"的人这年已经74岁，在确认自己赢得大奖的消息后他高兴地说："现在我准备好好地享受生活了，我感到自己好像获得了新生。我知道这么多年来上帝一直在关注着我。"

塞拉克准备拿这笔钱买一座房子、一辆汽车，再买一艘快速游艇，然后再和比自己小20岁的女友结婚成家。

如果他没有得到最后的幸运，他是不是就该感到绝望呢？一个74岁高龄的老人，在生命即将燃尽的时候，还能对人生有什么期待呢？然而奇迹却发生了。人生其实是对信念的一种考验，而灾难绝不会永存。

人生难免有不如意的事情，不幸和挫折在所难免，只要我们心存希望，永不绝望，努力拼搏，就一定能战胜命运，从不幸中走向幸运。

>>> 持久的努力和决心感动上天

一个人把他进取道路上所遇到的困难和不可能做到的事情看得越大，他取得成功的努力就会受到更多的限制。对一些人来说，他们看到前面的路充满了各种障碍、困难，他们便什么也不去做；但也有另外的一些人，他们觉得自己比试图要阻止他们、试图要把他们束缚住、将他们绊倒的困难要强大得多，他们甚至根本就不会注意到这些绊脚石。

如果你正在努力做某件事，暂时不能挪开路上挡住你的石头，不要紧，不必感到沮丧。那些在远处看起来大得吓人的困难在你走近的时候会渐渐变小。只要你有足够的勇气与自信，随着你不断前进，道路会为你而展开。阅读那些伟大人物的生平，他们从奋斗的开始就在清理道路上的障碍，与他们所遭遇的困难相比，你的困难会相形见绌。坚定你对自己的信心，你就能减弱困难的程度。生命的成功和效率取决于坚定、持久的决心以及做我们心里想做的事的能力。

据与尤里乌斯·恺撒同时代的人说，恺撒的胜利与其说是由于其军事才能，不如说是由于他的努力和决心。有一种人，他们决定要充分利用他们的眼睛，决不让任何前进时可能用得到的东西逃离他们的眼睛；他们的耳朵也随时都在倾听能够帮助他们的声音；他们的手总是张开着，以随时抓住每一个机会；对能够帮助他们在这世界上发展的一切事情他们都小心在意；收集人生的每一种经历，用来组成他们生命的伟大图画；他们的心灵也总是敞开着，以接受伟大的启示以及所有能激发灵感的东西，这样的人一定会有成功的人生。对于这一点是没有什么"如果"或者"但是"的。这样的人只要有健康的身体，没什么能阻止得了他们最后的成功。

上天总是站在有决心的人的一边。意志总是能开创出一条路来，即使是在看起来不可能的地方。半臂的间隔将决定谁能在比赛中胜出；能行军更远的人将赢得战役的胜利；再多坚持5分钟不退缩的意志就将赢得战斗。

事物从来都是相辅相成、此长彼消的。从小事情中就可以培养大毅力，从小机会中可以发现大机会，道理就在这里。

>>> 幸运之神只眷顾勇敢者

勇于尝试，那么在某件事上栽跟头可能是预料之中的事；但是，从来没有听说过，任何坐着不动的人会被绊倒。

有这样的一个男孩，他的父亲是位马术师，他从小就必须跟着父亲东奔西跑，一个马厩接着一个马厩、一个农场接着一个农场地去训练马匹。由于经常四处奔波，男孩的求学过程并不顺利。

初中时，有一次老师叫全班同学写作文，题目是"长大后的志愿"。那晚他写了7张纸，描述他的伟大志愿，那就是想拥有一座属于自己的牧马农场，并且他仔细画了一张200亩农场的计划图，上面标有马厩、跑道等的位置，然后在这一大片农场中央，还要建造一栋占地400平方英尺的巨宅。

他花了好大心血把作文完成，第二天交给了老师。两天后他拿回了，第一面上打了一个又红又大的问号，旁边还写了一行字：下课后来见我。脑中充满幻想的他下课后带了报告去找老师："为什么给我不及格？"

老师回答道："你年纪轻轻，不要老做白日梦。你没钱，没有家庭背景，什么都没有。盖农场可是个花钱的大工程，你要花钱买地、花钱买纯种马匹、花钱照顾它们。"他接着说："如果你肯重写一个比较不离谱的志愿，我会重打你的分数。"

这男孩回家后反复思量了好几次，然后征求父亲的意见。父亲告诉他："儿子，这是非常重要的决定，你必须自己拿定主意。"再三考虑几天后，他决定原稿交回，一个字都不改，他告诉老师："即使拿个大红字，我也不愿放弃梦想。"

20多年后，这位老师领他的30个学生来到那个曾被他指责的男孩的农场露营一星期。离开之前，他对如今已是农场主的男孩说："说来有些惭愧。你读初中时，我曾泼过你冷水。这些年来，也对不少学生说过相同的话。幸亏你有这个毅力坚持自己的目标。"

这个男孩是一个敢想敢做的人，他没有因为得不到老师的肯定就放弃自己的理想；相反，这更刺激了他实现自己这个理想的动力。他通过自己的努力，向老师证明了自己当初的理想并不是白日梦。

成功人士大都有三个共同的特点：一是敢想，二是敢做，三是能做。敢想并不是毫无根据的乱想，而是要有自己明确的目标，这件事情必须是你真的希望实现的；敢做不是违法乱纪，不择手段，而是一种执着的态度，是一种不达目的不罢休的韧劲；能做的人往往也不需要有太高的天赋，只要你愿意付出勤奋和汗水，就能够成为那个能做的人。

人生的转变不是靠别人带给我们机遇的，而是自己要善于想，敢于做，更要善于把自己所想的化为实际行动。只有这样，你才能有更多的机会去改变自己的人生。

>>> 你的坚持，终将成就幸运的自己

成功之路从来不是一帆风顺的，而是充满了坎坷和困难，只有能够坚持下来的才是赢家。在人生的战场上，取胜的砝码全在于每个人能否咬紧牙关坚持下去，只有永不放弃，你才能摆脱困境，迎来希望。

不论做什么事，如不坚持到底，半途而废，那么再简单的事也只能功亏一篑；相反，只要抱着锲而不舍、持之以恒的精神，再难办的事情也会迎刃而解。

当人人都停滞不前的时候，只有富有恒心的人才会坚持去做；人人都因绝望而放弃的信仰，只有富有恒心的人才会坚持着，继续为自己的意见而辩护。所以，具有这种卓越品质的人，最终才能获得良好的声誉和客观的收益。

坚持不是空话，坚持需要不懈地努力，要勇于面对困难和挫折。问题在于，困难往往是接二连三，所谓福不双至，祸不单行。一个人想干成任何大事，克服一两次困难也许并不难，难的是能够持之以恒地做下去，直到最后成功。失败了再干，再失败再干，最终成功。

坚持是一个不断总结经验教训，不断提高自己的过程，人生的过程就是一个不断坚持、不断积累的过程，每一次失败都会让我们变得更聪明一些，让我们离成功更近一些。奋斗过程中即

使跌倒了一百次，只要你能再站起来大声地说："我还要继续那一百零一次！""我相信一定会成功！"如果能够这样坚持到最后，你肯定就是赢家。

做到了困难面前坚持不懈，还要能够做到在取得一定成就时坚持不懈。这往往比遭到失败时能够顽强不屈更重要。许多人在取得了一点成绩时沾沾自喜，开始骄傲起来，不再像往常一样努力，结果同样也是半途而废，不能取得最后更大的成功。

一个乐观、豁达的人，再加上富有恒心的卓越品质，实在是非常幸运的。做我们喜欢的事情，做我们感到富有趣味的事情，是比较容易成功的；要尽力去做那些我们不喜欢的甚至为我们的内心所反对而又不得不做的事情，是需要恒心的。

不论境遇合意与否，总能坚持到底，一定要达到目的的人，才能获得胜利。那些以一种勇敢精神、坚毅的步伐、满腔的热情，去做那些自己不喜欢、不相称的工作，并最终能做出非凡业绩的人，真正具有英雄般的持久之心。

成功之前难免有失败，然而只要能克服困难，坚持不懈地努力，那么，成功就在眼前，幸运就会到来。